配色编织图典

200个现代编织图案

〔加〕安德莉亚·兰热尔 著
舒 舒 译

河南科学技术出版社
·郑州·

目录

引言

从17岁起，我就如痴如醉地沉迷在编织的世界里。这门手工总能使我无比兴奋，让我越陷越深。不玩编织的人听到我说编织特别刺激时，总会不以为然，然而“刺激”正是我玩编织时最容易产生的情感，在编织中，我看到无限的可能性，以及不断出现的挑战性。

让我惊讶并欣喜的是，编织总有源源不断的新学问。我从来都不是那种只执迷于特定类型的作品或技巧的编织者，所以我设计过各种各样的作品：蕾丝披肩、配色毛衣、麻花紧身裤等。但是近些年来，我也体会到，若想获得极大的满足感，就要在一段时间内深入探索编织的某门技艺。专注于一个单一的专题，反而可以让人感到充实且欢乐。这本书就是我深入探索的成果之一。过去的一年，我专注于研究横向渡线的配色，如今我很高兴能与你们一起分享我的成果！

虽然我对诸如费尔岛配色编织和考津配色编织这类传统编织大为赞赏，但是我对于配色编织的想法却不会因循守旧，我总想稍微突破原有的局限。我那拥有艺术学位的丈夫肖恩经常鼓励我尝试用非常规或不符合大众审美的方法去做配色编织。实际上，他的鼓励是落到实处的，他负责画好图纸让我去对不同的配色做编织试验。我们已经以这种方法合作了多年——他为我画图解，我负责织样片，然后我们一起将图解修正，改善编织方案，直至样片达到我俩都满意的效果。

其实，创作这本书正是他的主意。这本书可谓我们合作过程的某种延伸。与其固守传统，我们更想知道，如果不受传统方法约束，会发生什么情况？我们可否创造出一些编织者前所未见的针法图案？我们可否启发其他编织者和设计师以更开阔的思路去配色？虽然肖恩懂得如何编织，但是他织得并不多，所以他的思维模式并不像一个编织者，也正因如此，我们的合作才更加意义非凡。他所创作的图案（多达200片！）并非你能在一般的针法图典或毛衣上看到的，因为它们来自他的美学背景和想象。而每一个图案都由我（一个真正意义上的编织者）亲手试织样片，所以你们能看到这些图案用手工编织出来的效果。

我们对于此书的期待是，你，编织者，在书中受到启迪并自信满满地打破规则，将我们创造出来的图案打散再重新组合，利用它们做出你喜爱的作品和设计。

关于此书

这本书某程度上是一本内容丰富的横向渡线针法图典，内含200个原创的图案，可供你运用在自己的编织和设计中（为使主题专一，本书中不含纵向渡线、滑针提花或其他的配色编织技巧）。此书中的资料，可让你从此充满自信地深入挖掘横向渡线的编织技巧。在此书中，你可以找到以下信息：如何同时编织两种颜色、如何控制毛线团、如何处理渡线、何时及如何将织物剪开！书中还涵盖了一些小窍门，教你如何让织物更加平整漂亮，以及如何将图案运用到自己的设计中（是的，你可以将图案用来织着玩，也可以用来赚点钱！）。

为了帮助你更直观地了解如何将横向渡线配色编织运用在设计中（也由于我非常喜欢织毛衣），本书还包含了基于那些图案衍生的五款原创设计——两件毛衣、一顶帽子、一条围脖和一副连指手套。这一系列单品展示了配色图案在运用中的多种可能性，我希望它们能作为你编织事业的跳板。我希望编织者能按图解做出作品，也非常期待大家能玩转图案化为己用。

请翻开此书，驰骋你的想象力，然后拿出针线，动手编织样片吧！

祝你编织愉快！

安德莉亚和肖恩

选择
纱线和颜色

纱线

虽然大部分品种的毛线都可用来进行横向渡线配色编织，但是你最好先从毛茸茸的、粗花呢的、羊毛纺制的纱线开始。用这些纱线织出的针目，经过定型会饱满起来并交织在一起，让织片更好地展示彩色图案，弱化大部分不均匀的针目，形成一块理想的织片。更光滑、精纺的线虽然更立体、更清晰，但是也会更加凸显针目的不均匀。本书的样片使用的是昆思公司（Quince and Co.）旗下的芬切线（Finch），一种非常棒的圆股中粗线。这种线可以编织出鲜艳又挺括的样片，颜色对比突出，符合本书写作的宗旨。但是要把样片中的那些针目织得均匀，也确实花了比我想象中更多的精力，如果我原本用的是一种更加毛茸茸的线的话，就不会那么辛苦了。

像羊驼毛、真丝和棉这样的纤维，会完全凸显针目的前后不均匀，因为这类纤维几乎没有记忆（缺乏弹性），而且由于配色带来的厚度，织物会变得相当厚重。随着时间的流逝，它们还可能会走形，因为材质太光滑了。

颜色

决定用你喜欢的哪些颜色搭配是一件极为私人的事儿，这也是编织创意的一大组成部分。我对于选色的建议并非法则，而是提供工具，供你施展自己的创造力时运用。颜色可以体现你的心情、你的个性、你的风格或你生命中的某个阶段。选择能够激发自己灵感的颜色至关重要，然而并非所有颜色都能和谐搭配。很多时候，使用对比强烈的颜色会产生最佳视觉效果，因为这种对比会清晰地凸显配色图案。那么如何判断什么样的颜色之间会产生鲜明的对比呢？

色调

色调是根据可见色谱上的位置来定义的。这也是当我们问起“你最喜欢的颜色是什么？”时所指的意思——蓝色、红色、绿色以及其他颜色。位于色轮两端的颜色通常会产生最鲜明的对比，例如红色和绿色。但

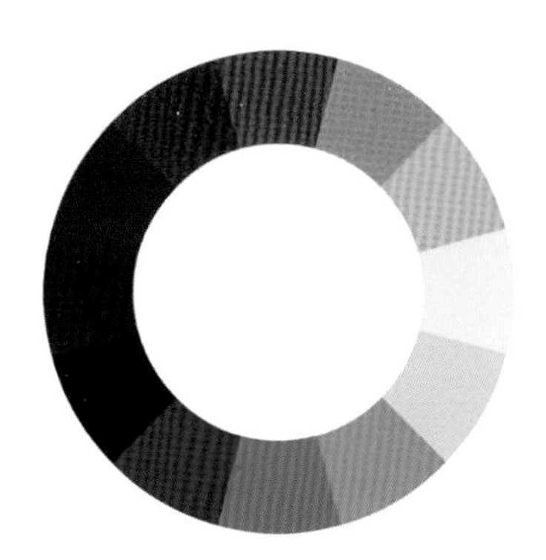

显示色调的色轮

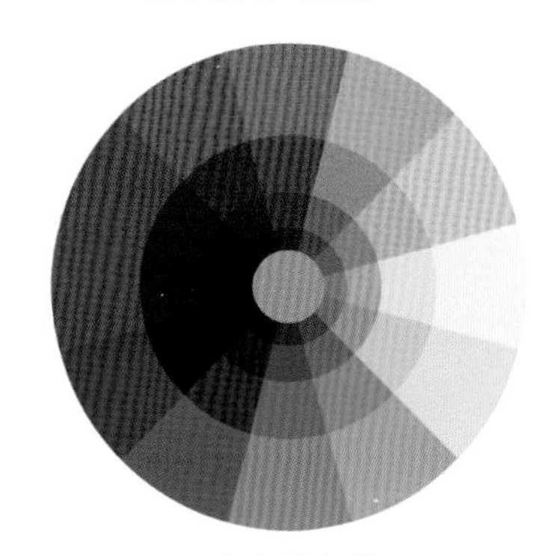

显示色值的色轮

是在选色的时候，色调并非是最需要牢记在心的问题。

色值

色值是色彩的相对亮度或者暗度。即使你选择的是色轮上相对两端的颜色，如果它们属于相对等同的色值，用这两种颜色创造出的图样往往显得偏暗又模糊。比起选择不同色调，选择不同色值的颜色组合出来的结果往往会更清晰、更喜人。毕竟，深蓝色和浅蓝色会产生漂亮的对比！这里有个很妙的窍门供你决定两种颜色在色值上的差异是否足够大：给你（配好色的）毛线组合拍一张黑白照片。一旦移除了色彩，你就能看清相邻两种颜色之间的深浅对比度。如果一种颜色没有比另一种颜色明显浅很多，那么它们的色值也许太过相近，因此对比不鲜明。

样片

能够确保你选择的配色适合自己设计的特定花样的唯一方法，是将它实实在在地编织出来。我喜欢用不同的配色编织样片，直到找到最佳的组合为止。我也推荐反转颜色——将浅色图案放在深色背景里，或者反过来搭配，这样会让织物产生强烈的反差。不断试验来寻找到自己喜好的配色绝对是值得的。

这块样片显示了相似的和不同的色值效果，底部反差小，顶部反差大。

这是同一张照片的彩色和黑白两种效果，纱线的色值差异非常明显。

如何
带线

双色编织的带线方法有好几种。我建议大家每种都尝试一下，以便找到适合自己的方法（这也是我的通用编织哲学！），但是有一点很重要，无论你选择哪一种带线方法，都要从一而终。整件作品都用同一种带线方法（当然了，这也包括你的样片，你肯定会编织样片、定型和测量，你总会这么做，对不对？），而且务必从头到尾都以同一个方向来控制毛线的颜色。我们下一环节讨论色彩支配的时候会详谈这个问题，不过请记住，从一而终会让你的作品更精致。

双手各带一种颜色的线

我最喜欢的横向渡线编织方法，是双手带线法。我会双手各带一根线，编织左手的线时，用挑线的方法织出（译者注：挑线是用棒针挑住线织出；这种方法也被称为大陆式编织法）。编织右手的线时，用抛线的方法织出（译者注：抛线是先挂线在棒针上，再织出；这种方法也被称为英国式编织法）。这个方法可以轻松地跟随图解进入编织节奏，我不需要盯着编织过程也知道如何处理配色，我还可以始终保持一团线置于左边，一团线置于右边。下面是双手带线的示意图。

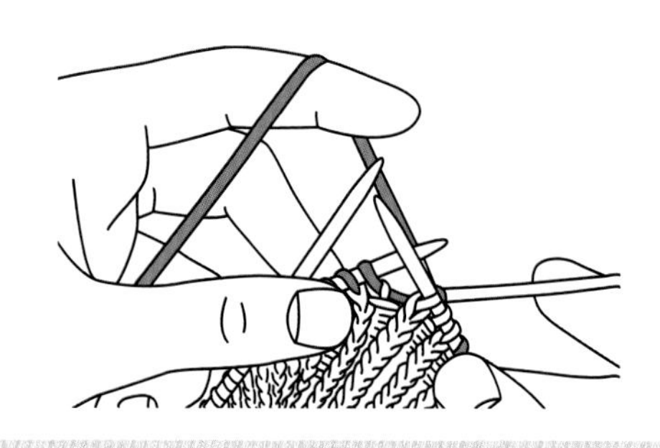

左手带主色（支配色）线，右手带配色（背景色）线。

单手带两种颜色的线

大部分的编织者要么只擅长挑线编织，要么只擅长抛线编织，要掌握双手同时带线，需要花功夫磨炼才行。如果你喜欢，你可以只用单手带双色线，但是这种方法有个主要缺点，那就是如果图解中两种颜色的针数不一样，或者当其中一个颜色编织区域过长时，你就不得不经常松开线重新调整两根线的松紧，双手分开带线则不太需要调整。话是这么说，你还是织你的。很多编织者都是单手带双色线，并且织得开心又顺畅。下面是单手带线的示意图。

左手带线（大陆式/挑线法）

用左手带两根线的话，编织两种颜色时，都用挑线的方法。请注意在编织过程中保持主色（支配色）线位于配色（背景色）线的左侧。按照这种顺序，离食指指尖更近的那根线为背景色。

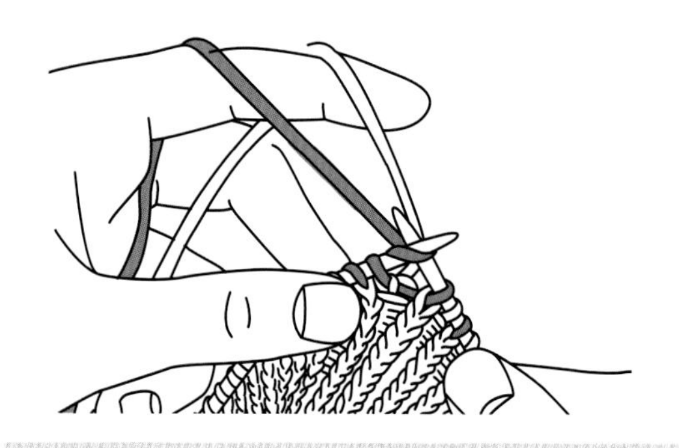

左手带两根线时，确保主色（支配色）线位于配色（背景色）线的左侧。

右手带线（英国式/抛线法）

你也可以用右手同时带两根线，在编织两种颜色时，都用抛线的方法，并注意保持主色线位于配色线的左侧。

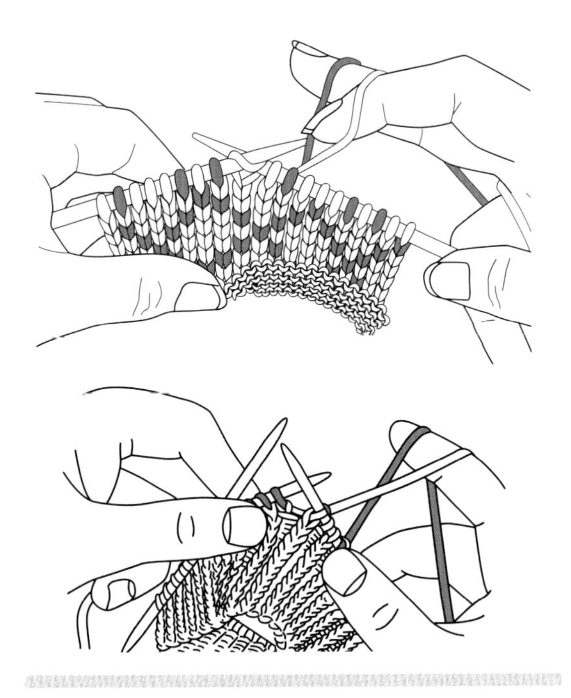

右手带两根线时，确保主色线位于配色线的左侧。可用中指撑起主色线，用食指撑起配色线，或者用食指撑起两根线，其中主色线握得离指尖更近。

扫描二维码，观看双手带线教学视频。

渡线

渡线是指在编织过程中，当下并不被织成针目，而是从织片的背后松松地带过的一根线。渡线的长度是由另一根线连续编织的针目数量决定的。举个例子，如果一张图解需要织5针颜色A，然后织3针颜色B，那么第一次的渡线会有5针长（编织颜色A时，颜色B从织片的背后带过去），而第二次的渡线则为3针长（编织颜色B时，颜色A从织片的背后带过去）。你可能听说过，长长的渡线会造成麻烦，所以要尽量避免。事实并非完全如此，但是长渡线确实会带来一些问题，所以需要解决这些问题。

多长的渡线可以算作长渡线，是非常主观的一件事，不同的编织者会各持己见：3针绝对不算是长渡线，但是超过5针的渡线都有可能被视为长渡线，这取决于跟你聊天的对象。

如果一根渡线特别长，就有可能出现两种不好的效果。首先，你的织片可能会扭曲变形。随着渡线越来越长，维持渡线与织片其余部分的长度比例，也会越来越难。如果渡线太短，织片会被抽紧导致正面不平整；如果渡线太长，渡线前、后的针目，可能会过松。这两种情况都会导致织片不平整。

另一种可能存在的问题是，袖口和手套位置的长渡线有可能勾住手指或首饰，这种情况不但烦人，更有可能导致衣服内的渡线断线。如果配色花样只出现在毛衣的育克或胸口附近，或是围脖上，这种情况就比较好处理了，因为衣服的这个部分或位于此处的饰品并非一个狭窄的筒状，手指不用从中挤着穿过去。

倘若长渡线真的产生问题了，我们怎么才能解决呢？答案是在编织过程中将渡线绕起（也被称为织入、夹住或锁住）。绕起一根渡线，使之贴紧织片背面，这样就会避免既长又松的线从织片背后渡过，从而有效地降低过长的渡线勾住物体的可能性，这样做也会帮助你控制好带线的松紧。

最常用的方法是规律地将渡线绕起，有些编织者主张每隔某个具体针数就将渡线绕起，例如每隔5针或每隔11针。就我而言，通常只在有需要的时候才绕线，大约是每隔2.5厘米。但是，一定不要在每一圈的同一个位置绕线。如果绕线的位置位于上一行的渡线正上方，会在织片的正面形成非常明显的绕线痕迹，所以在绕线的时候最好错开位置。

对于那种非常长的渡线，每隔一针绕一次线，会比每隔几针绕一次线效果更好。这个方法还有个好处，那就是在整件作品的背后产生一种统一的视觉效果。织片的反面看上去不同于普通的横向渡线配色编织。在一个图案出现大量的超长渡线的情况下，整件作品始终每隔一针绕一次线，是一种非常好的处理方法，这远远胜过只在出现超长渡线的那一两行进行隔针绕线。这种每隔一针绕一次线的方法经常运用于传统的考津（科维昌）编织中。再一次强调，最好将绕线的位置错开。例如第1圈绕线的位置为第1、3、5针时，第2圈绕线的位置就应为第2、4、6针。这并非固定不变的规则，只是一种指导方针。另一件需要记住的事情是，这种方法织出的织片纹理更密、垂坠感更弱，因此在设计作品的时候，要考虑到这一点。

虽然绕起渡线来处理长渡线的这种解决方案非常好，但它并非毫无缺点，绕起渡线可能会在织物的正面留下痕迹。当你绕起渡线时，绕线位置的那一针会被拉得特别紧，而左右两边的针往往有可能变松。如何解决这个问题呢？你可以手动将被拉紧的针圈拉松，让左右两侧较松的两针释放出线量给较紧的那一针，从而使针目均匀。这个方法有点费力，所以我建议在编织样片的阶段，就先按不同频率的绕线方案（或压根不进行绕线）进行测试，以帮助你制订实际作品的绕线方案。请记住，最重要的，是你对作品的想法。

雕刻（Carve）样片的反面，完全不对渡线进行绕线。

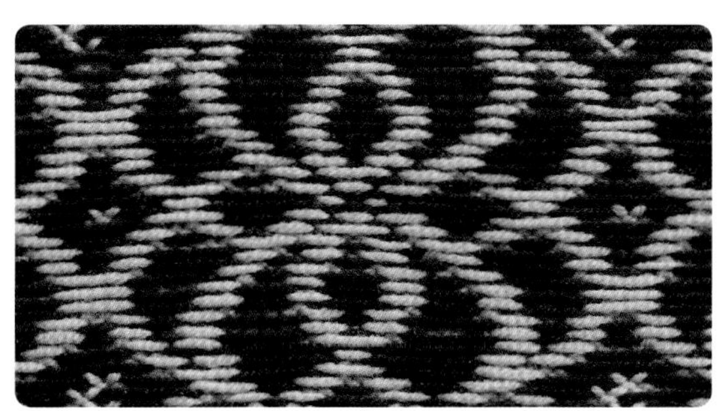

涡纹（Whorl）样片的反面，规律地对渡线进行绕线（小X处）。

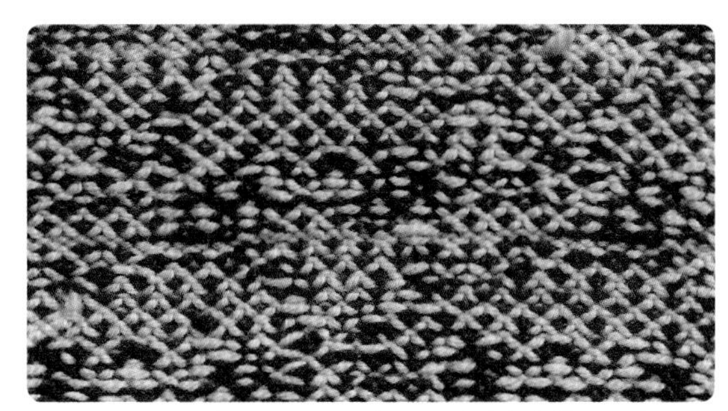

河马（Hippos）样片的反面，每隔一针对渡线进行绕线。

双手带线时，对渡线进行绕线

绕主色线，浅色线为主色线

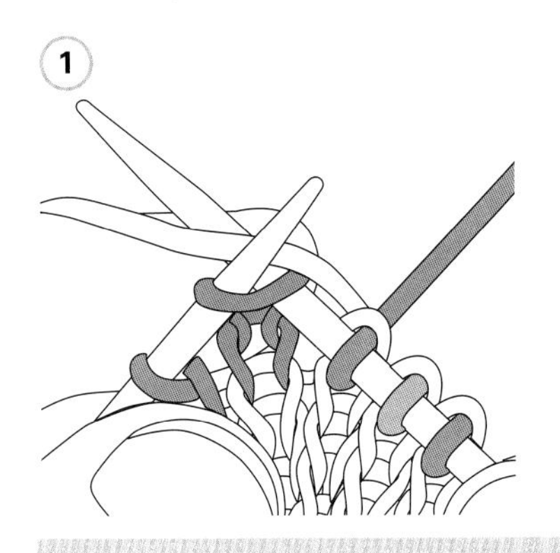

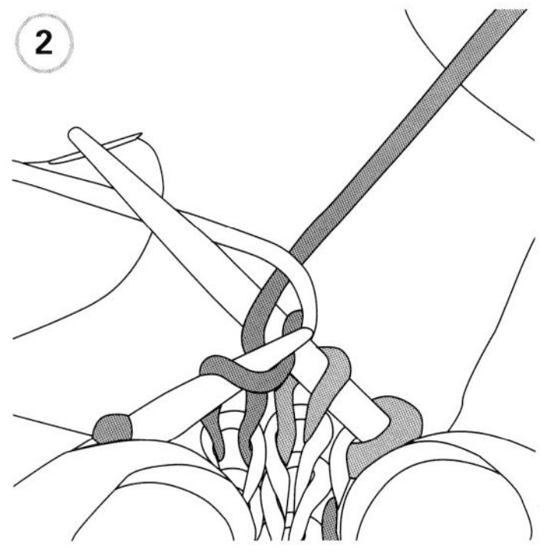

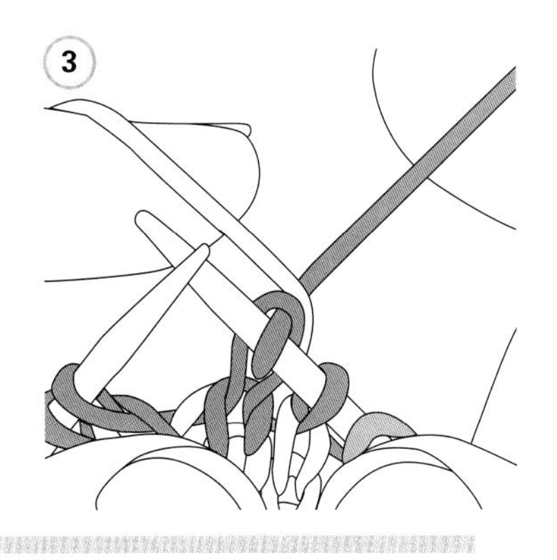

将右棒针插入下一针目，将主色线从右向左绕在右棒针上方（图①）。

然后像织下针一样对配色线绕线，再将主色线绕回原位（图②）。

用配色线织出这一针（图③）。下一针正常编织配色线。主色线被绕在配色线的后方。

绕配色线，浅色线为主色线

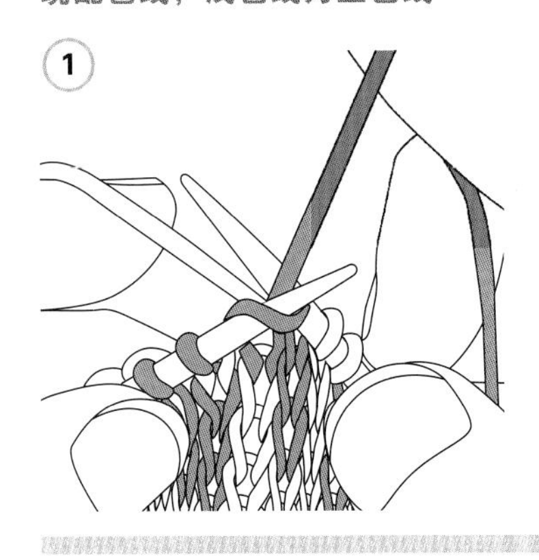

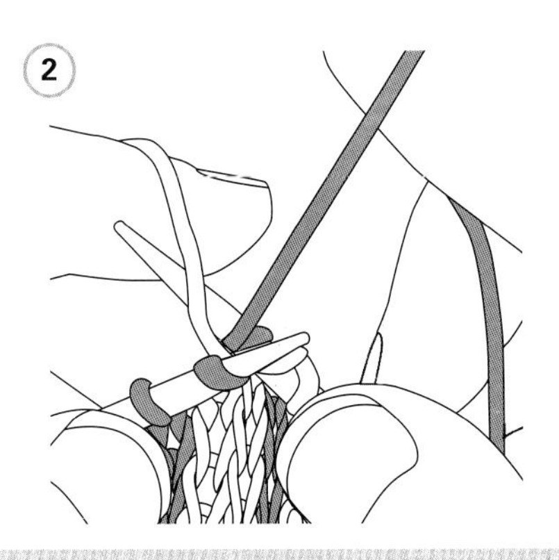

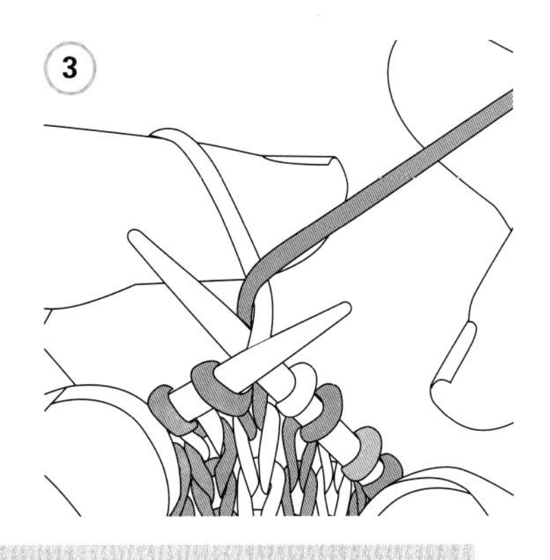

将右棒针插入下一针目，将配色线像织下针一样地绕在棒针上，但是并不织出这一针（图①）。

像织下针一样地绕主色线（图②）。

将配色线绕回原位，再将主色线织出（图③）。下一针正常编织主色线。配色线被绕在主色线的后方。

左手带双线，对渡线进行绕线

绕主色线，浅色线为主色线

①

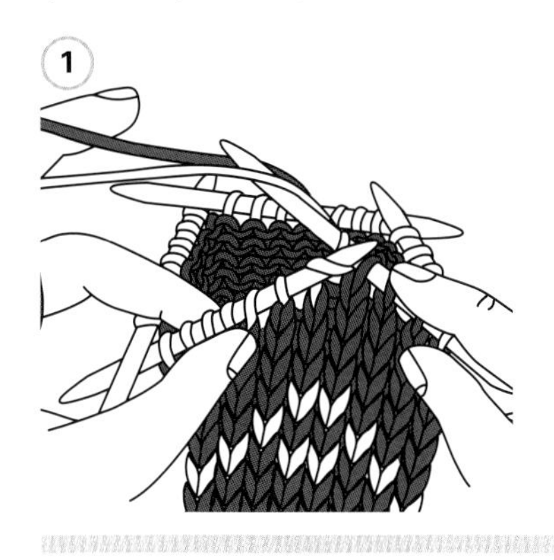

将右棒针插入下一针目，再从主色线下方脱落（图①）。

②

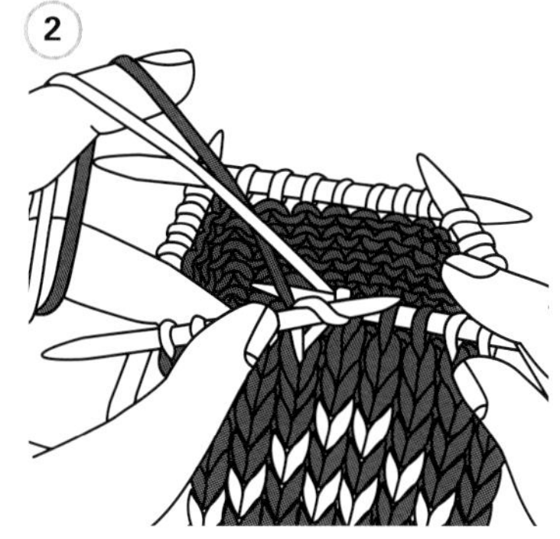

将配色线织出（图②）。下一针正常编织配色线，主色线被绕在配色线的后方。

绕配色线，深色线为主色线

①

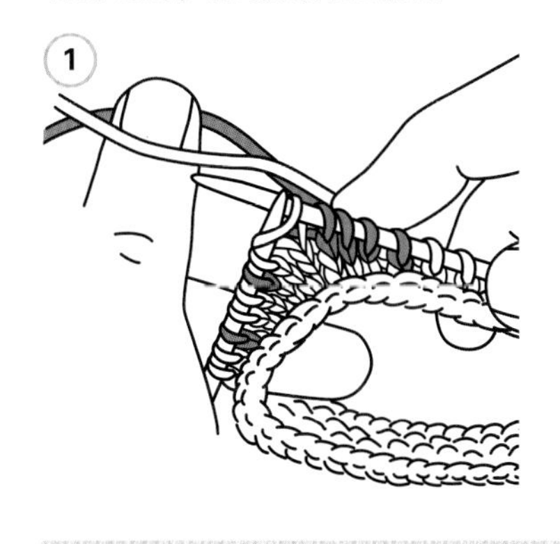

将右棒针插入下一针目，用左手拇指将主色线从下方推到配色线的后方(图①)。

②

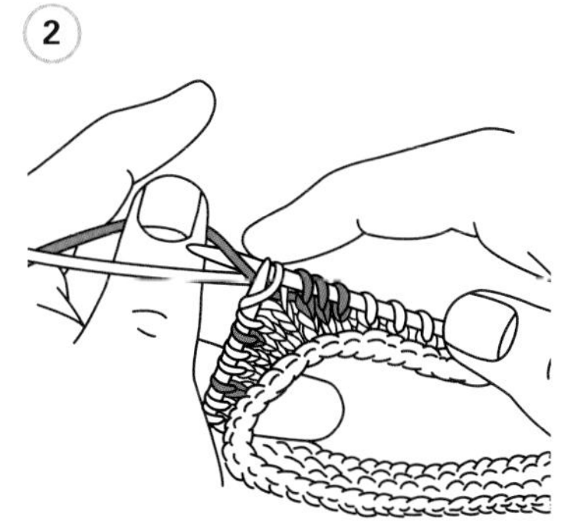

从两根线的上方越过，保持配色线被拇指顶着不编织，拇指挂住配色线并织出一针（图②）。

③

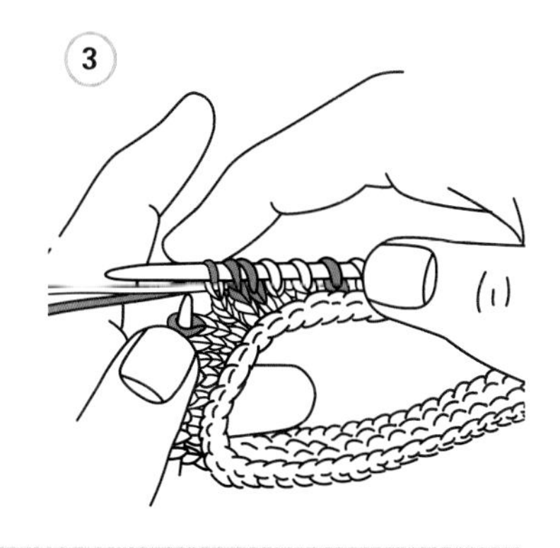

完成这一针，将拇指松开（图③），下一针正常编织主色线。

右手带双线时，对渡线进行绕线

绕主色线，深色线为主色线

1

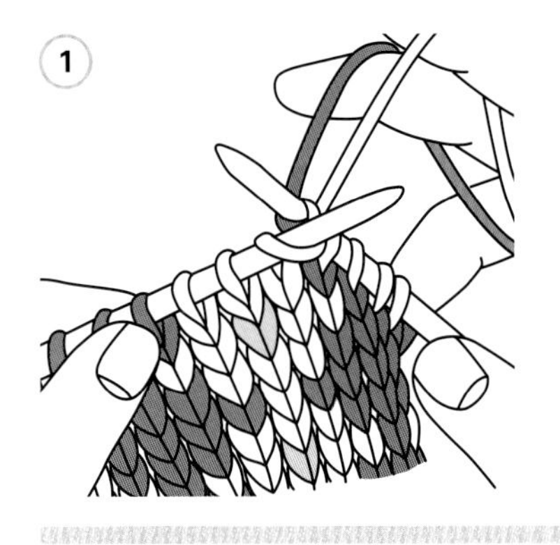

将右棒针插入下一针目，先绕主色线，与平常织下针的绕线方向相反（图①）。

2

按平常织下针的方向绕配色线（图②）。

3

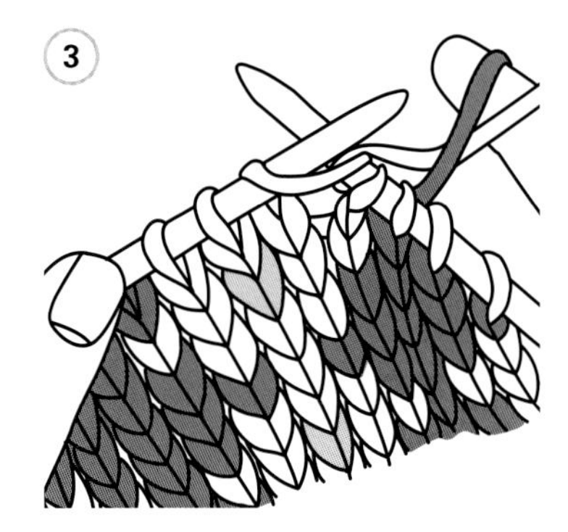

将主色线绕回原位，用配色线织一针（图③）。下一针正常编织配色线。主色线被绕在配色线的后方。

绕配色线，深色线为主色线

1

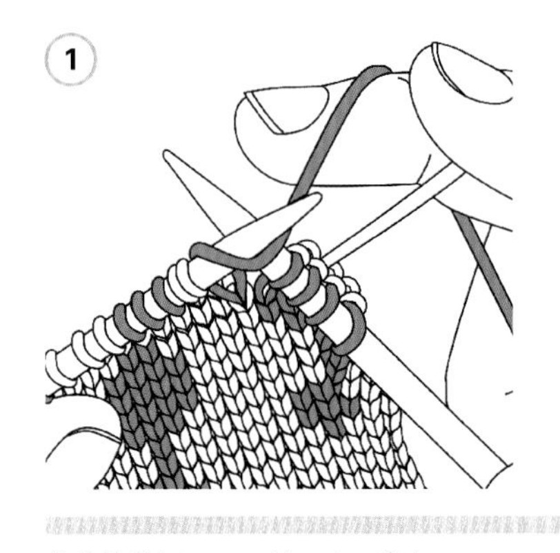

将右棒针插入下一针目（图①）。

2

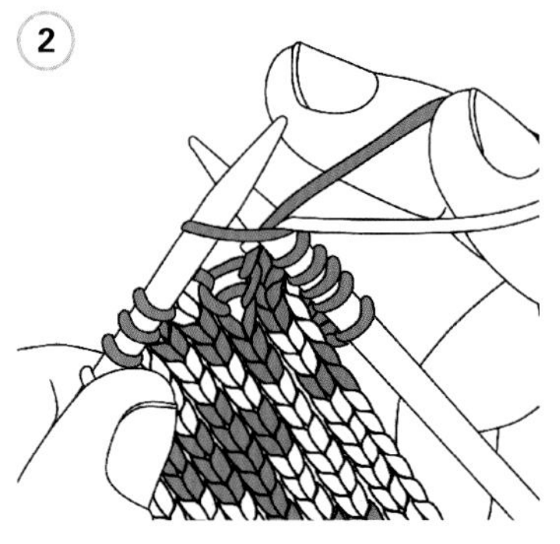

同时绕主色线和配色线，绕线方向同编织下针（图②）。

3

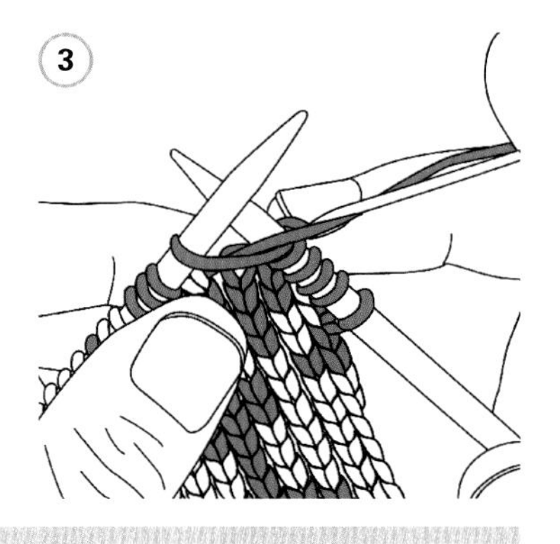

将配色线绕回原位，用主色线织一针（图③）。下一针正常编织主色线。配色线被绕在主色线的后方。

颜色
主色

在如何带线的内容中，我提到在整件作品的编织过程中，统一两种颜色的位置非常重要。原因如下：当两种颜色横向渡线时，其中一个颜色会间隔地渡在另一个颜色的下方。渡在下方的颜色会比渡在上方的那个颜色更耗线，从而导致下方这个颜色的线织出的针目更大，视觉上要比渡在上方的颜色的线织出来的针目更突出。

渡在下方的颜色被称为主色　因为它在完工后的织片中更突出。为了让配色编织的效果更干净清晰，无论你以何种方法带线，在一件作品的整个编织过程中，从头到尾都要让同一种颜色作为主色。这样会给完工的织片带来细微但明显的不同。

所以，应该以哪个颜色作为主色呢？取决于花样的不同，这是非常主观的问题。总的来说，构成花样的那个颜色应该作为主色，而构成背景的颜色应作为配色。以百眼巨人（Argus）样片为例，来看主色的不同带来的差别。左边的样片以深色为主色，右边的样片以浅色为主色。注意，浅色在左边的样片中有些微的退缩感。

编织沙漠（Desert）图案时，深灰色构成了花样，而浅蓝色是配色，所以深灰色应作为主色。

当编织地中海（Mediterranean）图案时，哪一种颜色都可以作为主色，因为在这个图案中，哪个颜色为主色，哪个颜色为配色，并没有明显的区别。你可以选择你希望凸显的颜色作为主色。

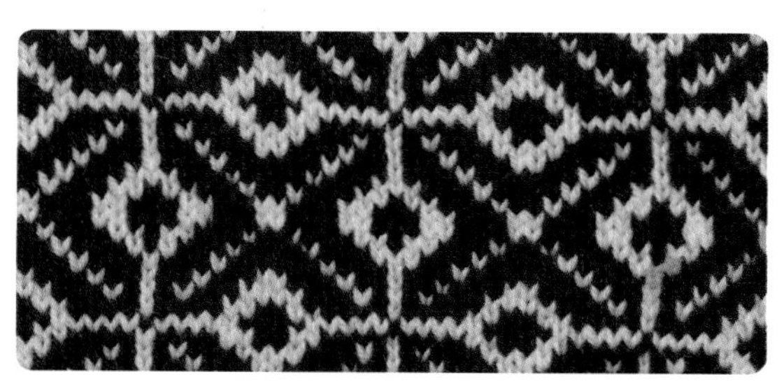

百眼巨人样片，以深色为主色（左侧），以浅色为主色（右侧）。

如何阅读
配色图解

阅读配色图解的时候，首先要知道，每一个格子都代表所给颜色的一针。图解表格展示了配色图案的一次重复，而图案重复处的左侧、右侧、上方及下方的多余格子，则是为了使花样对称平衡。当文中写到“12+1”的重复时，表示一次重复是12针，但是你需要在开始或结束处增加1针，以使花样对称平衡。

配色图解中，有时同一个格子里既有颜色又有符号。如果你看见符号，它们的存在是为了帮助你在使用图解的黑白复印件的情况下，区分不同的颜色，或者为了让颜色区别更明显。

阅读配色图解时，永远从右下方的小格子开始。这个格子表示正面行的第1针。大多数情况下，你会以环形编织的形式进行配色编织。这也意味着，每一行都看着正面编织，不存在反面行。如果是这种情况（环形编织），每一圈的图解都从右向左阅读。

如果你需要来回片织（往返编织），正面行请从右向左阅读，反面行请从左向右阅读。这种情况往往以蕾丝、麻花花样及立体的针目花样图解居多，横向渡线配色编织的情况则比较少。

如果你看到图解中有一些小格子被大框加粗地框起来，这意味着在花样重复之前或之后出现针目或行是为了花样对称而存在（让花样呈现水平或垂直的镜像对称）。在示例中出现了一个12针，12行的花样重复。如果没有加粗的大框，则意味着，要么这个花样图解本身就是对称的图解，要么图解不需要对称，重复编织这个花样即可完成整个图解。

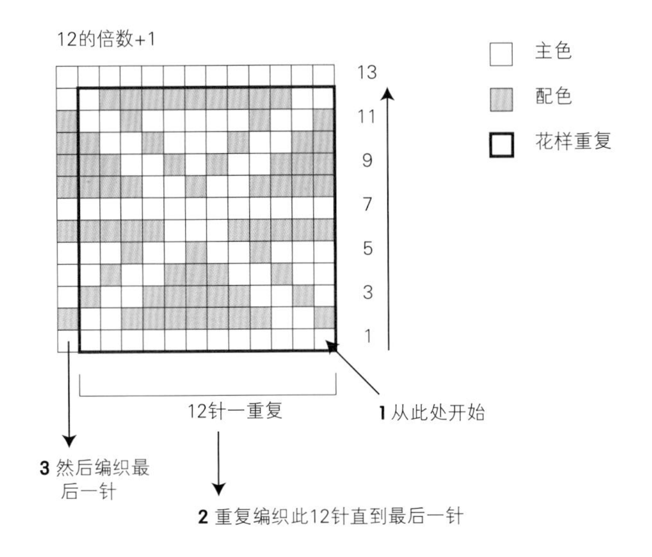

4 进入第2圈，方法同第1圈。依此重复完成1~12圈至最后一圈。然后编织图解第13圈，实现花样的对称。

参照图解编织时，先从右下角的小格子开始。如果出现了加粗框，编织至大框的最后一针，然后再回到从同一行的加粗大框里的第1针重新编织。完成加粗框的最后一次重复后，只需继续按图解编织至最后一针（第1行最左侧的格子）。如果不存在加粗的大框，则只需要从右向左重复图解的一行。然后以同样的方法编织第2行及以后的每一行。图解也可以纵向重复。这种情况下，当你完成了图解表格中的行数时，你将从第1行重新编织（或者加粗框的第1行）至整个花样结束。如果加粗大框上方还有一行，这一行的存在是为了展示如何让你的花样纵向对称，让花样的顶部与底部呈现对称 。并非所有图解都要求对称 ，所以这一行不一定会展示出来。

编织样片

大部分横向渡线配色都是环形编织，所以测试样片时也需要环形编织，以从样片中获得更准确的信息。以下是几种环形编织的方法：

样片背后直接渡长线

使用一根环形针进行样片起针，起出15厘米宽的针数。使用单色毛线编织几行平针或起伏针，打好样片的基础（来回片织）。然后编织配色图案的第1行。不要翻转织片到反面织上针，而是将针目滑回到环形针另一端的针头，让下一行依然是正面行。两种颜色的毛线都直接在织片背后松松地渡过（两根渡线的长度约为织片的宽度），继续从正面行编织花样的第2行。重复这种操作，直到织片的面积约为15厘米见方。然后再用单色毛线编织几行平针或起伏针，然后收针。随后你可以将那些长长的渡线从中间剪开并修剪线头，保留线头的长度约2.5厘米，以使织片可以铺平。这个方法非常好，因为可以给你一种相对准确的密度测量，而无须编织一块巨大的样片。缺点是，边缘针目可能会非常松散，随着编织的进行，会变得更加难看。这也意味着，你需要编织一块足够大的样片，这样在测量中间部分的密度时，不会受那些松散的边缘针目的影响。

像编织袜子一样地编织样片，但是带上额外加针

使用双尖棒针、一副长环形针（运用魔术圈织技巧），或者两副长环形针，起出宽度约为15厘米的针数，然后在一圈的结束处增加3~5针（作为额外加针）。放置一个记号圈，再将织片连起来环形编织。使用单色毛线编织几圈平针或起伏针，然后编织配色花样的第1圈，到了编织额外加针处的针目时，织成双色隔针交替。然后继续这种方法，直至样片长度达到15厘米。再织几圈单色的平针或起伏针，然后收针。你可能需要每隔几圈就移动一下棒针的位置，以使棒针与棒针交接的位置不存在梯状的松散。在收针后，从你的额外加针处的中间针的正中间剪开，然后定型。如果你想练习一下如何对额外加针处加固，这会是一个非常好的练习位置（关于额外加针的更多知识，见20页）。如果你已经掌握了加固额外加针的技巧，其实也可以不进行加固，因为这只是一块样片，不会用来穿着。我经常不加固就剪开样片！我更喜欢用这种方法来测试样片，因为我觉得这样织出来效果更自然，而且不需要在背后留一段累赘的渡线。但是，有些编织者在进行小针数的环形编织时，编织效果会比织大针数的环形编织时更紧，因为你需要处理多根棒针的交接，而这会导致密度变紧。你需要通过多次尝试来找到适合自己的编织风格，以及对你来说可靠的方法。

无论你选择的是何种方法，样片一定要经过湿定型后再测量。定型时，每隔1.25厘米扎上一根珠针固定，可使干燥后的样片平整且边缘不卷曲。（如果你的边缘不是一条直线，可使用更多珠针定型！）

额外加针

玩配色编织（尤其是毛衣），有一个环节可能让人心生畏惧，那就是拿出一把锋利的剪刀，果断地从作品的正中间剪开。据我所知，有些编织者，纵使经验丰富，对于做配色编织的作品也敬而远之，只因他们无法想象在衣服上动剪刀！但是将你的织物剪开，可能会给你带来难以置信的自主掌握感，并且让人惊讶的是，它不会让你的整件作品立刻化为碎片。

你可能会问：难道真的非剪不可吗？听起来实在太恐怖了，那么为何不使用来回片织的方法编织整件作品呢？当我们用两种线做配色编织时，环形编织通常会比来回片织更加轻松和高效。因为在反面进行配色编织时，花样是看不清的，所以挑战更大。很多编织者会更偏好织下针而非上针，以上针来进行配色编织时可能过于烦琐，会有点无所适从。因而巧妙的解决方法，就是整件作品都采用环形编织（去掉了编织上针的必要），然后从你需要开口的位置剪开。这个方法实际上真的会产生很好的效果。在很多传统编织中，这个方法已经被运用了很长时间，而我认为这种方法也会带来更愉悦的编织体验。

这个剪开法之所以很高效，是因为针目在脱落或磨损的过程中，织片的纤维有上下纠缠的倾向，但是总的来说，却不大产生左右纠缠。这也就意味着，当你从一件开衫的前片中线或沿袖窿处剪开时，你的针目其实依旧会停留在原处。但是，随着时间的推移和穿着次数的增加，剪开的边缘也有可能会被拉掉一针或两针。由于这种可能性的存在，加之为了给边缘补针使之显得更整齐，人们研发出了一些技法，以便让剪开的作品更加耐穿，并更具吸引力。

一起来了解额外加针吧。为了在剪开的边缘和实际作品的边缘之间制造一个缓冲区，你可以在自己希望剪开的位置增加一些针目起到桥梁的作用（如果你是照图解编织，设计师会在起针处提醒你做好这个准备，或者如果你准备为袖窿或领口多加几针，设计师会在你的编织过程提醒在哪些位置增加针目）。这些增加的针目统称为额外加针。额外加针并不计入完工作品的测量尺寸，所以无论你加多少针，在计划尺寸时都不要将这些针数计入织片的实际尺寸。在编织过程中，这些针目只需要织过去即可，有时会织成方格纹或直条纹花样，用于帮助你在加固时辨识出中间针目。

完成主体部分编织后，要对额外加针的两侧进行加固，这时可以钩织短针，也可以使用缝纫机缝合，然后拿出锋利的剪刀，从额外加针的中间针整列剪开。下面我将分享使用钩针来对额外加针处进行加固之后再剪开的方法。你会发现，加固的部分会产生非常明显的线条感，你只要沿着这条线剪开就好。因此，就算想把毛衣弄坏或剪错地方也没有那么容易。

当你沿着门襟或边缘挑针时，额外加针的地方会自然地卷入织片内侧。随着时间推移和穿着次数的增加，剪开的边缘会完全渗入作品的内侧（有时也将这个过程称为毡化）不再散开，迄今为止我还没发现过例外的情况。我就这么简简单单地用钩针加固一次搞定，无忧无虑地继续过我的日子。

如果你追求视觉上的完美，或者担心边缘的针目会散开（虽然它们基本不太可能散开），你可以使用绸带来包住边缘，或者使用双层编织的方法，包住额外加针的部分。

关于额外加针和剪开作品，还有另一个重要的提示：最好使用羊毛线来编织那些计划剪开的作品。使用的毛线，应该是未经过防缩处理的，因为有黏着力的、毛茸茸的纱线，哪怕随着时间的推移也不容易滑动变形。如果你确实使用了经过防缩工艺处理的羊毛线或其他毛线，我建议机缝一圈来对作品的额外加针处进行加固，而非使用钩织的方法，因为机缝会产生更加稳固的边缘。有一个例外情况要注意，由于这类纱线固有的光滑质感，即使你已经增加了额外加针，或者对剪开的边缘处进行了包边防止磨损，但随着时间的推移，依然有可能会松开。

我从不担心剪开边缘会毁坏我的作品，并且我觉得剪开的那一瞬间实在让人激动不已。不过，由于这种操作是不可挽回的，所以在下剪刀之前，请务必确定你的作品不再会出于任何原因需要拆线重来或者修改。

对额外加针处加固及剪开

首先将作品打横放置，让起针行额外加针的部分位于你的视线右侧，且额外加针的部分横向平铺。使用与编织作品的棒针粗细相同或略细的钩针，用来加固的毛线可选用与所编织的毛线颜色成对比色，从起针行的边缘开始，将钩针从额外加针第一行入针，注意挑针位置为相邻针目的两根线，分别为中间针的左半针，以及中间针左侧那一针的右半针。

钩针挂线，从两个半针间引出一股加固毛线，再一次挂线并将线从线圈中拉出，形成一个短针。向额外加针的下一组针目入针（由于额外加针处横向面对着你，向左侧继续操作）。*将钩针插入下一组针目那相邻的两条“腿”，挂线拉出。此时钩针上共有两个线圈，钩针挂线再从两个线圈中拉出，然后进入额外加针处的下一组针目。从*处重复至额外加针处顶部的针目。剪断加固用的毛线，将它从最后一个钩针的线圈中拉出并收紧。在处理额外加针的右侧时，将作品转个方向，从收针行开始，向起针行方向，以同样的方式用钩针钩短针，入针位置同样为相邻针目的两根线，分别为中间针的右半针及中间针的右侧那一针的左半针。

完成加固后，钩针的操作轨迹会整齐地撑开你将要剪开的中间位置，使之看起来像一本打开的书。轻轻地将两条钩针轨迹拨向两边，让计划剪开的位置呈现基础的梯状线条——其实是中间针的上针沉环。

提示：如果你的额外加针处的钩针加固处看上去不太稳定或有些扭曲，可以试着使用一根更细的钩针或使用更细的纱线来进行加固。织物过厚，也会导致钩针加固处不稳定。

从两条钩针轨迹之间仔细剪开，注意不要剪错到钩针线里（参考下图）。剪开的边缘应该整整齐齐，非常稳固。

关于额外加针的更多内容，请参考以下链接：www.interweave.com/wp-content/uploads/Steaks-Cutting-the-Edge.pdf.

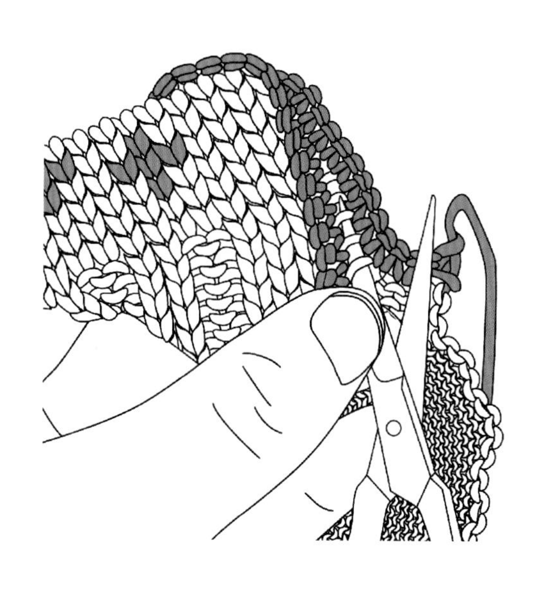

让配色
更理想的小窍门

横向渡线的配色编织，有一点挑战性。你可能会遇到以下这些情况，我将为你介绍我的小窍门：

如果跟踪图解对你来说很纠结

总是织着织着，就找不到你的针目在图解中的位置？其实有很多好用的工具可以处理这个难题！

高亮胶带。胶带是透明的，贴上去之后，你既可以看到你所在图解的位置，也可以看到前一行的图解。由于你可以整体地浏览图解，而非一次只看到一行，可以避免织错。进阶提示：折叠胶带的末端，织完一行后可以轻易地揭起胶带贴到下一行。

透明直尺。这个工具的作用跟高亮胶带是一样的，但是当你移动图解的时候，直尺没法固定在图解上。

编织表格跟踪器。Knit Picks制造的一种磁力板，可以吸住你的图解，还附有多个磁条，可以标记你在图解中的位置。标记图解时，我建议将磁条贴在你编织处的上方而非下方，这样你可以清楚地看到自己在图解中已经织完的部分。

便利贴。这个工具非常方便，贴在图解上标记你的编织位置。跟磁力贴一样，建议贴在你编织行的上方而非下方，以便你看清前一行。

行数计算器。如果你不希望在图解上放东西，或者你使用计算机、平板电脑或手机来看图解，可以用行数计算器（或者在信封背面画正字来记行数，别把信封丢了就行）。

电子阅读器。如果你使用带有 PDF 阅读软件的电子设备，那么你可以在应用软件中对你的文件进行标记（我在iPad和手机上使用GoodReader和PDF Expert）。标记时，只需要在你的文件上画一条直线，每完成一行，就移动这条线。

有节奏地数数。试着按不同颜色的针数来跟踪你的换色。大多数人短时间内只能记一小串数字（回忆一下我们是如何记电话号码的），按照这种节奏数数，可以帮助你在环形编织时找到你在图解中的位置。例如，如果一个图解需要3针蓝色、3针白色、2针蓝色和4针白色，然后整圈都如此重复，我会在心中默念：3–3–2–4！

如果你的织片粗糙

你是否对你的织片不大满意？它是否此起彼伏，凹凸不平？想要保持两种颜色的松紧均匀，确实需要多多练手，但是也存在一些小窍门改善织片的平整度。

编织过程中，间歇性地停下来将刚织好的针目展平。这个方法可以让纱线维持均等的长度，并且平顺地落在反面。

使用不同的技巧来编织样片，了解哪种织法最适合你正在进行的作品。每个编织者的手法都是不同的，每种纱线也是不同的，所以，为了让你的配色织片效果更好，你可能需要每隔3针绕一次渡线，也可能需要每隔1针绕一次线（在长渡线的情况）。也许你的织物在保留长长的渡线的情况下才是最好看的。如果你使用的毛线黏着力较强，经过一段时间的穿着后，织片的背面可能发生毡化。请你务必牢记一件事，未经绕起的长渡线，最好位于育克或其他穿着时不容易被戴有饰物的手指挂住的部位。如果长长的渡线位于袖子或下摆或手套上，可能会给你带来不少麻烦。

换一种纱线试试看。有些纱线因为性质使然，天生就松紧不均匀，所以织起来会很不顺手，为何不换一种线试试呢？（像防缩羊毛线或棉线这样光滑的纱线，会让你织起来特别棘手，何不换成粗糙感适中的设得兰毛线。）

先定型再评判！湿定型会给配色织片的平整度带来巨大的差异！

可以动手调整松紧度不均匀的针目。对织片进行检查，找出那些过松或过紧的针目。织片换色之后的第1针偶尔会有点紧，但是你可以使用棒针的针头挑高这些缩紧的针目的腿部，从邻近的针目释放出更多线给紧缩的这一针目，从而让紧缩的针目变松。因为棒针编织的针目结构是连续不断的一根线，所以可以通过调整毛线量来调节松散的针目和紧缩的针目。你也可以挑起紧缩的针目的两条腿，调整出更好看的形状。最好在定型前先进行这些操作，因为针目一旦被打湿，形状就会固定下来。

如果你觉得自己的毛线难以处理

你的毛线团是不是都乱七八糟地缠绕到一块儿了？以下方法可以帮助你让毛线团不再乱缠。

将两团线分开放置。我总是将主色线放在我的左侧，而将配色线放在我的右侧。毛线碗也可以派上很大的用场，不过你需要两个毛线碗而并非一个！或者，你像我一样，喜欢穿着一件左右两边各有一个大口袋的工作服来玩编织，在两边口袋里各放一团毛线，可以从根本上避免毛线团纠缠在一起。但凡毛线团有点缠绕在一起，都要马上停下手工，将两团线分开再继续编织，以免事后引来一连串的麻烦。如不及时调整线团，线团纠缠的

情况是不会改善的，而且置之不理的话，线团就很有可能纠缠到难以收拾的程度。

如果针目在环形编织时变得粗糙或变得太松

在双尖棒针或使用魔术圈织技巧的棒针交替的位置，你的针目是否变得特别松散？

调整换针处。如果你使用双尖棒针、魔术圈织或两根环形针的方法进行小圆圈的环形编织，棒针与棒针交替的位置会将线拉开或导致针目变松，因为这些拐角处的渡线特别难以控制。所以，与其将棒针交替的位置作为一圈的起始处，不如使用一个记号来跟踪一圈的起始处，然后定期移动棒针交替的位置，以避免上述问题。使用双尖棒针和两根环形针时，你可以持续地将每根棒针上的最后一针移至下一根棒针。使用魔术圈织的方法时，每织几圈就移动一次连接绳抽出的位置——可以是你一圈中的任何位置。定期调整交替位置，是防止出现明显不均匀针目的关键。

如果配色编织部分比平针部分要紧得多

很多编织者在进行横向渡线的配色时，手劲要比织平针更紧。可以试着用比织平针或罗纹针时粗一至两个针号的棒针来编织配色。如果这个方法对你来说特别必要，请在图解中于每次配色与平针交替时，为针号转换做好笔记。因为每个编织者都是不同的，有些人则可能面临相反的问题。如果你的配色部分的密度比你的平针要松，在编织配色时，换小一至两个针号。

如果配色效果不明显

你是否觉得难以辨识出自己的配色花样？设计图中的效果怎么也没法体现在你的作品上？

你的颜色对于这个配色图解来说可能对比不够强烈。虽然色彩是不同的（如一个是蓝色，一个是黄色 ），也许两个颜色的色值（相对深浅度）太过接近，以致对比不强烈，让配色效果看起来模糊不清。请回到本书关于线材的部分了解更多关于配色的信息。

考虑颜色支配的问题。你可能在带线时，用带主（支配）色线的方法去握应该作为配（背景）色的毛线，导致主色不如配色强烈。如果你带主色线的方法不统一，配色的效果也会模糊不清。请确保始终使用同样的方法带主色线，如果不断改变带线的方法，织出来的花样效果肯定不佳。

1 图案

沉积岩 (Sedimentary)

4的倍数

5
3
1

4针一重复

要塞 (Fortify)

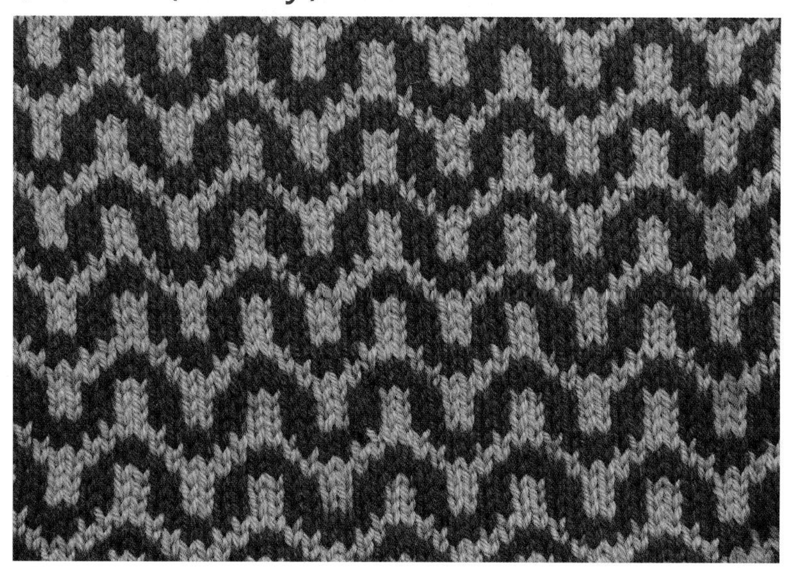

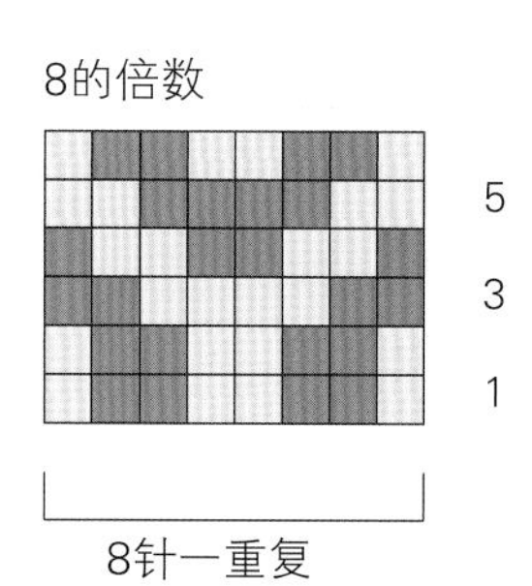

桤木 (Alder)

12的倍数加1

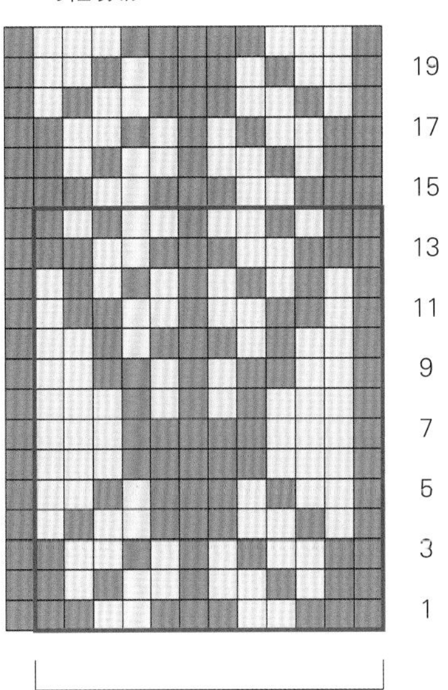

12针一重复

维京 (Viking)

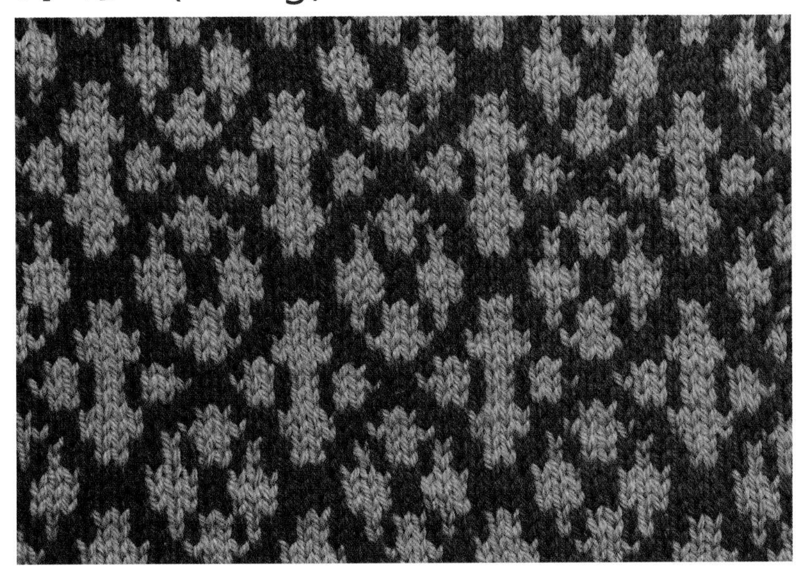

12的倍数

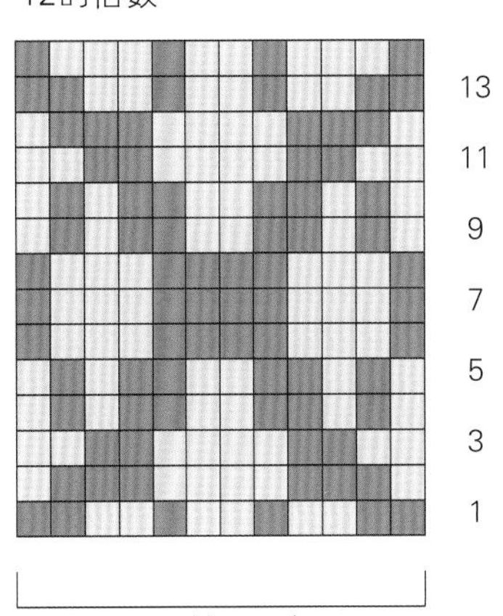

12针一重复

六边形 (Hex)

12的倍数加1

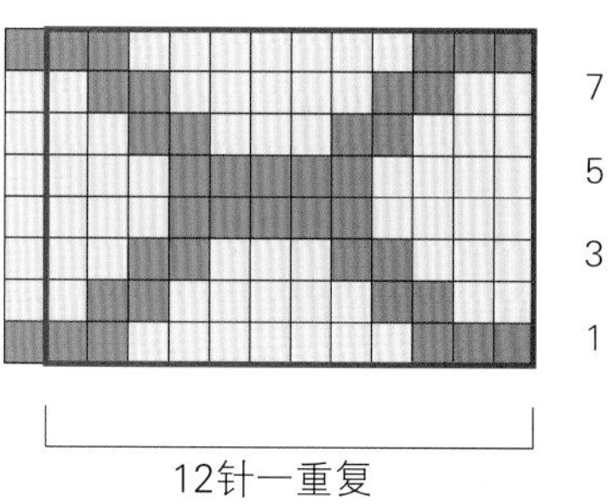

离子 (Ion)

12的倍数

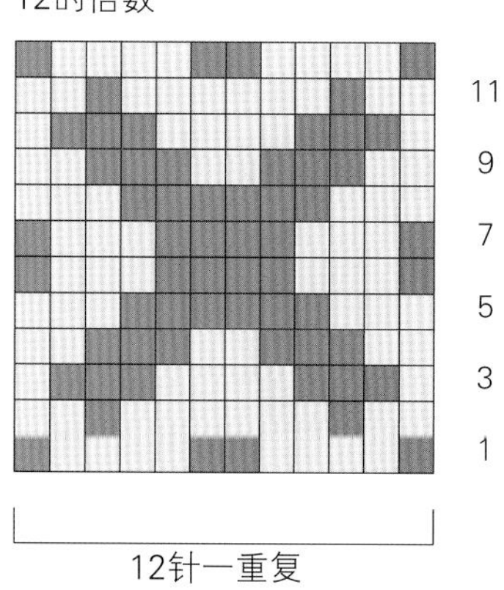

断裂 (Fracture)

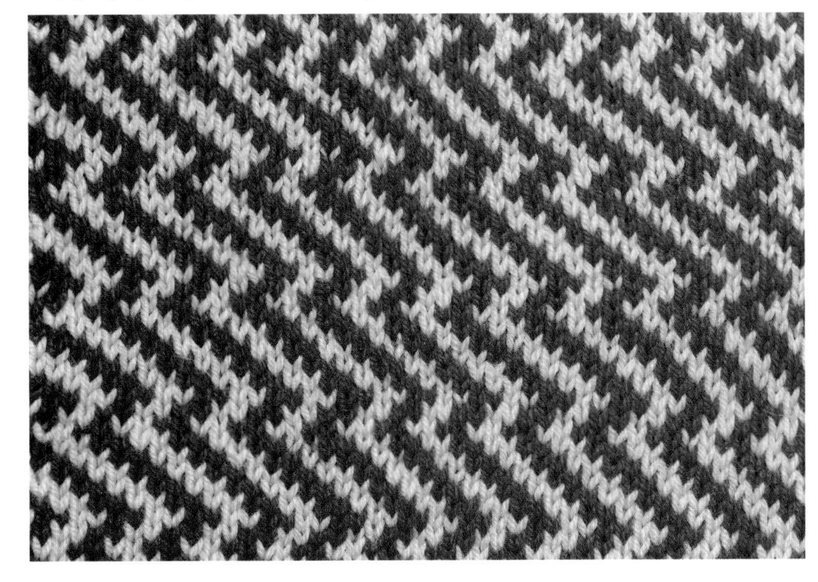

4的倍数

7
5
3
1

4针一重复

迷惑 (Mesmerized)

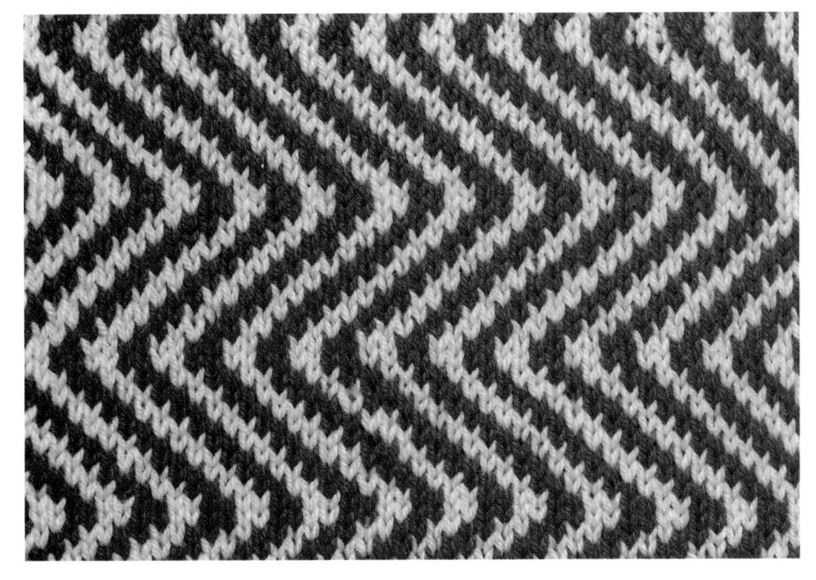

4的倍数

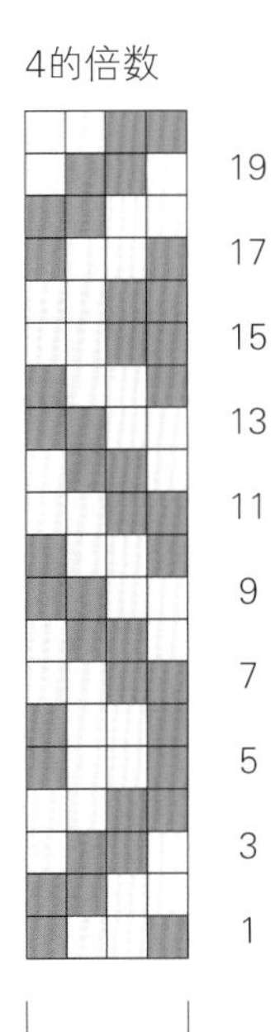

4针一重复

移动 (Shift)

7的倍数

7
5
3
1

7针一重复

地中海 (Mediterranean)

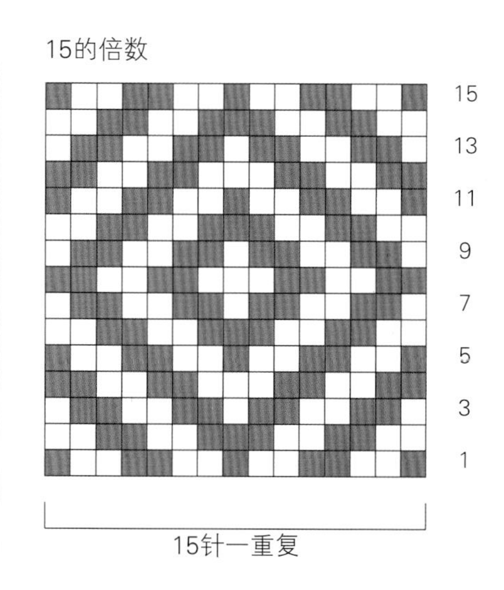

壁毯 (Tapestry)

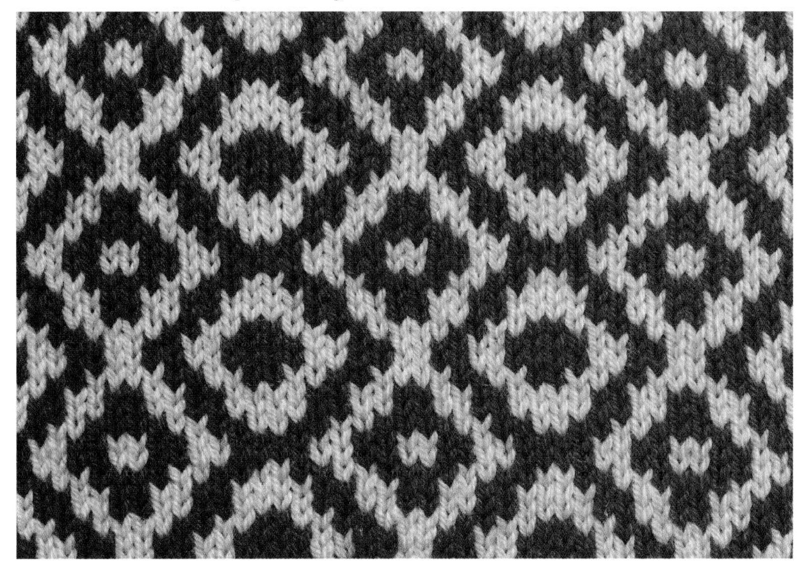

14的倍数

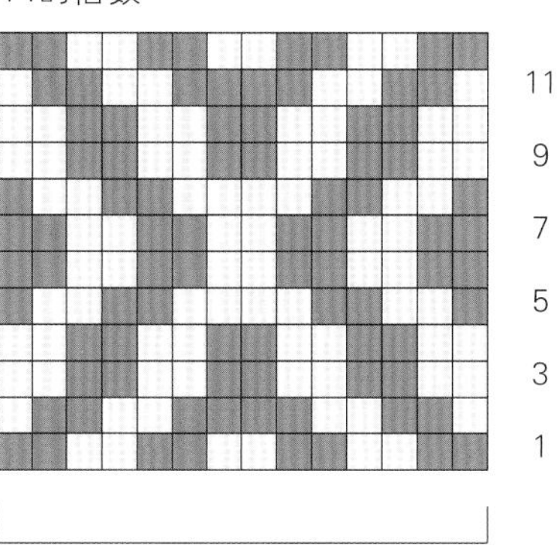

装甲 (Plated)

16的倍数

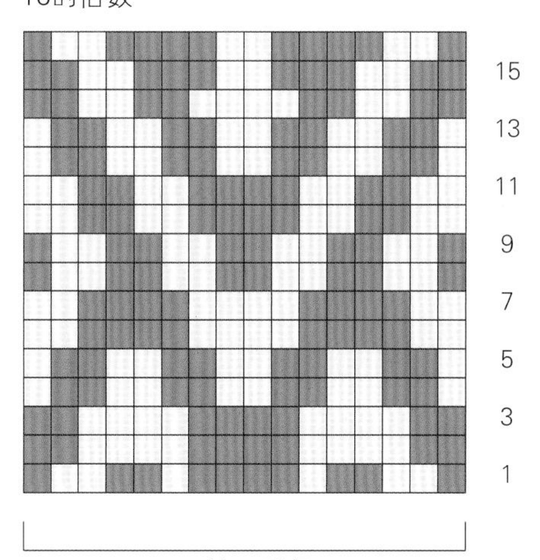

镜子 (Mirrors)

20的倍数

19
17
15
13
11
9
7
5
3
1

20针一重复

纽带 (Bond)

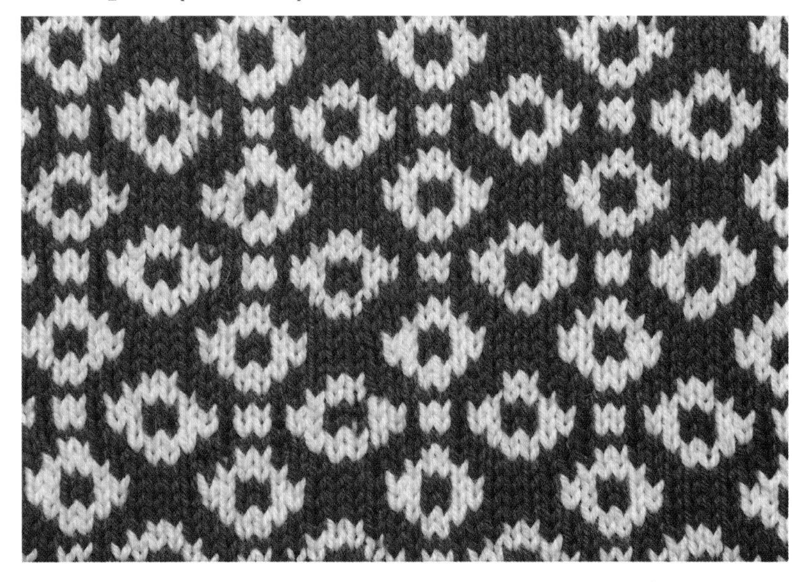

10的倍数

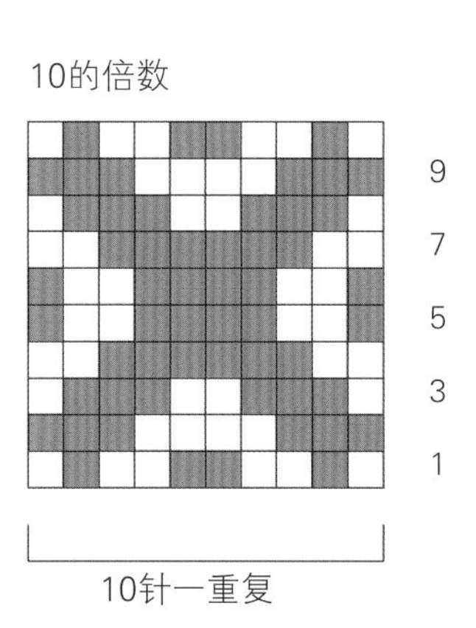

10针一重复

长船 (Langskip)

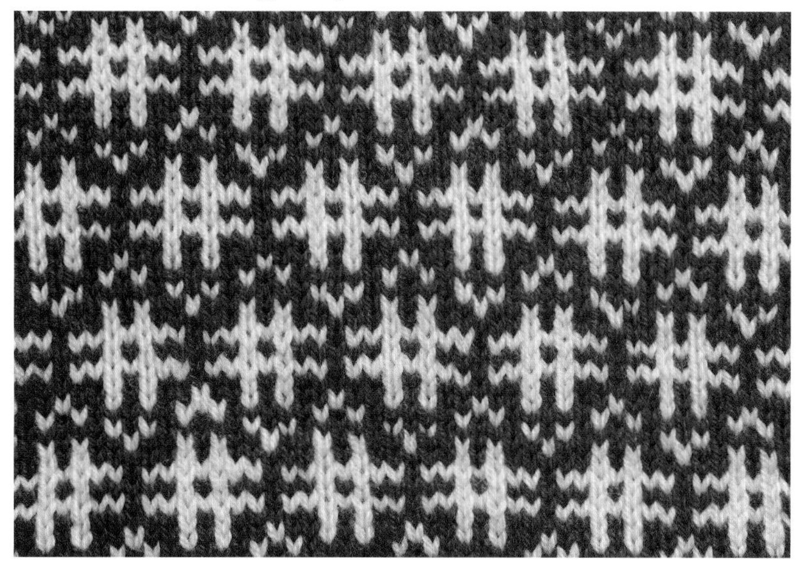

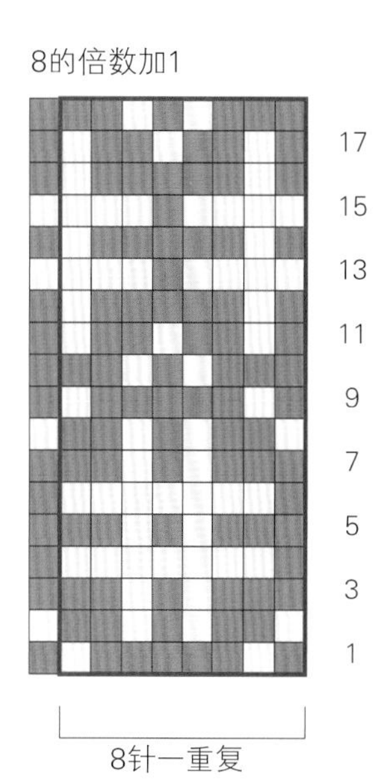

幸运 (Lucky)

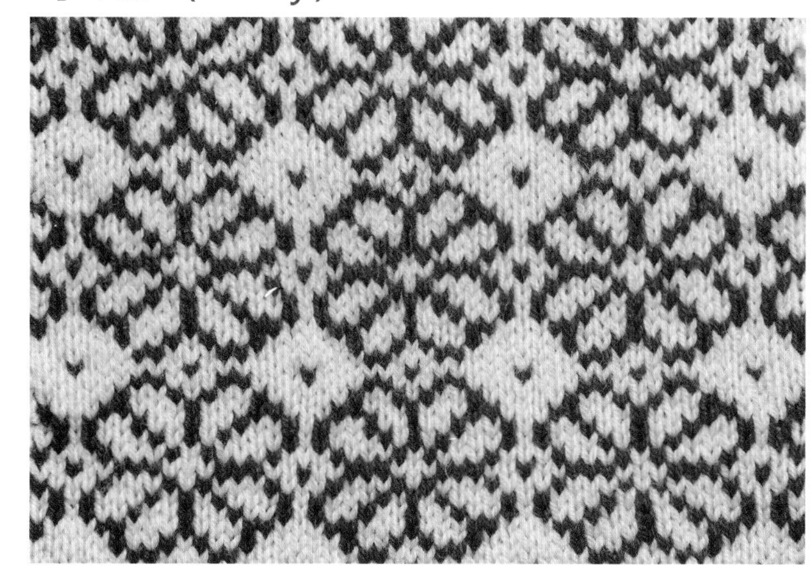

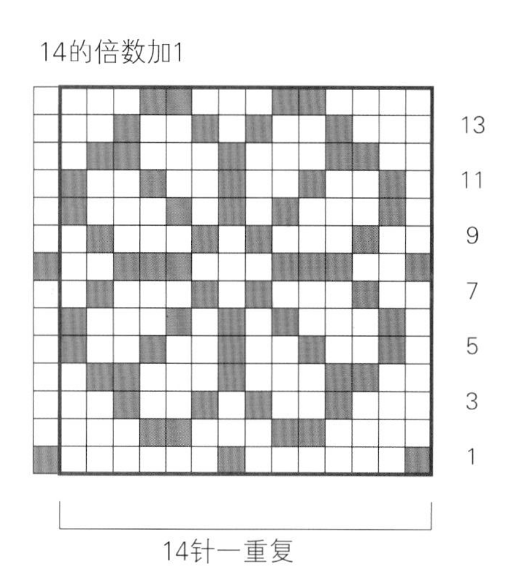

棒针和线团 (Needles & Yarn)

24的倍数加1

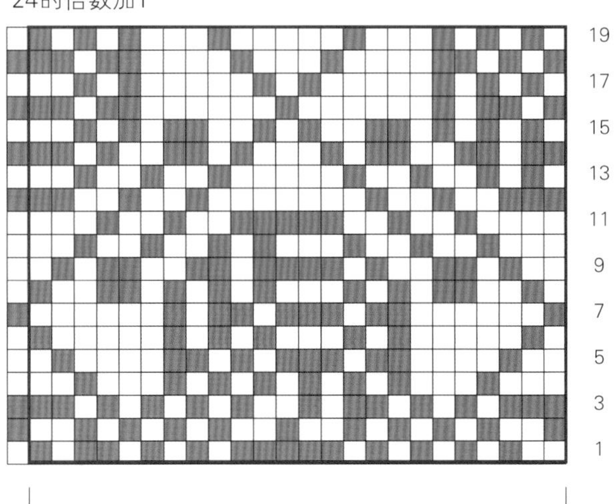

新世界 (New World)

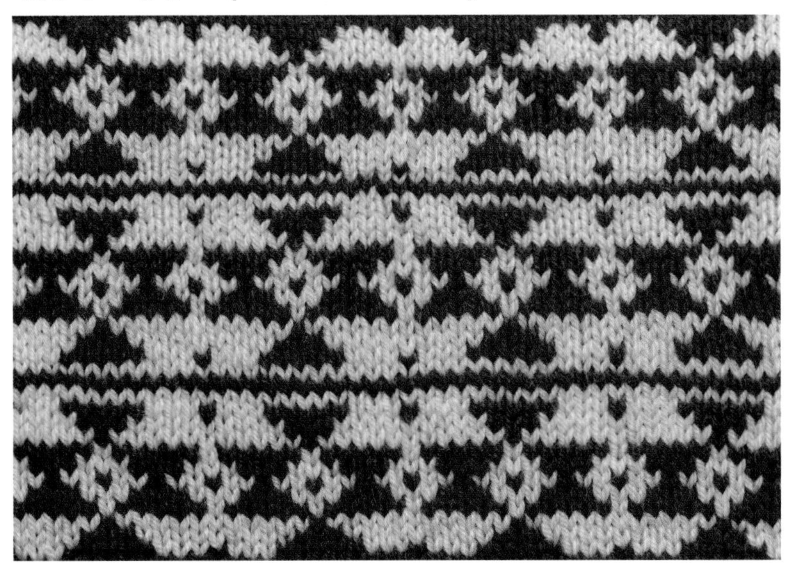

12的倍数加1

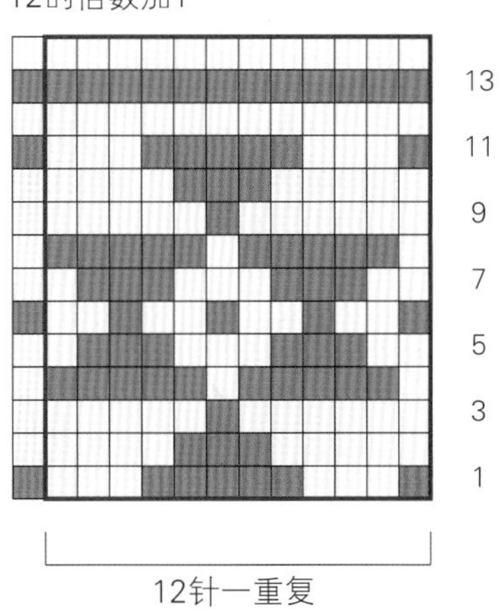

山峰 (Mountain)

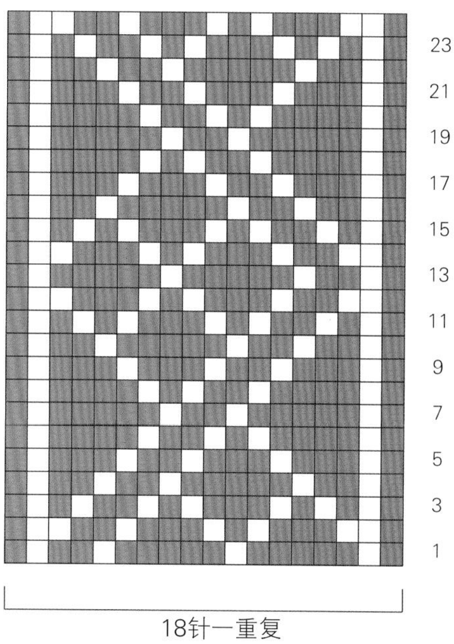

辫子 (Braid)

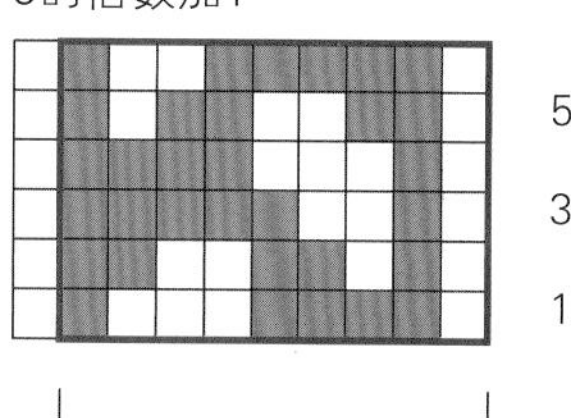

肉桂卷 (Cinn Bun)

18的倍数加1

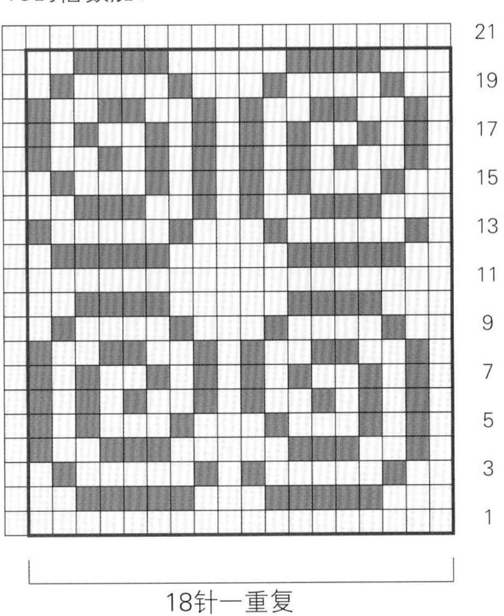

编结 (Knotted)

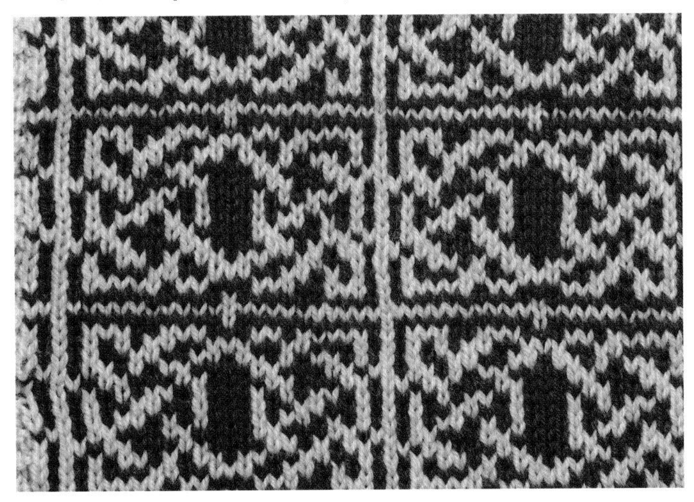

22的倍数加1

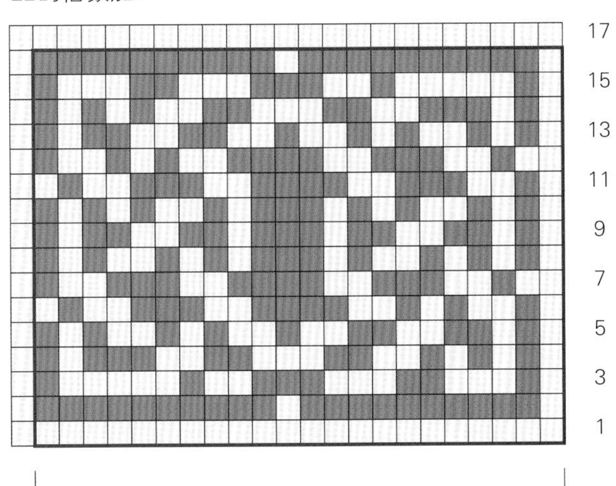

血管 (Vessels)

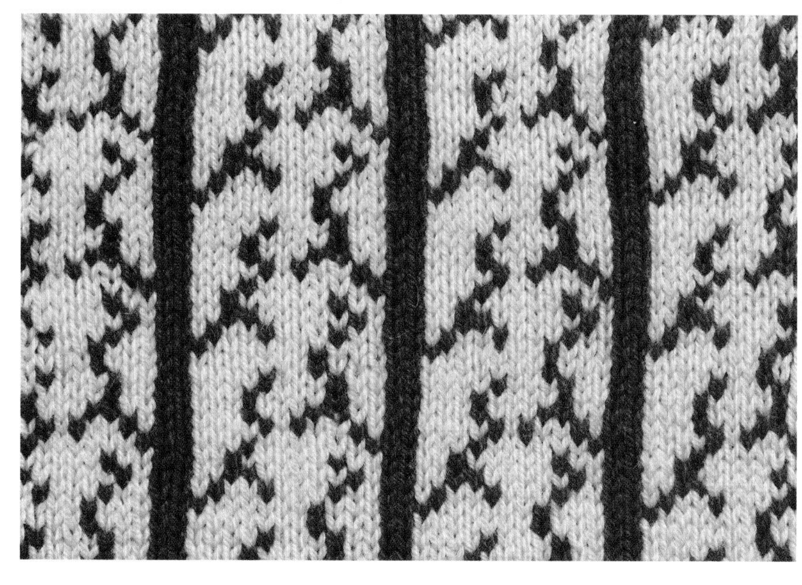

13的倍数加1

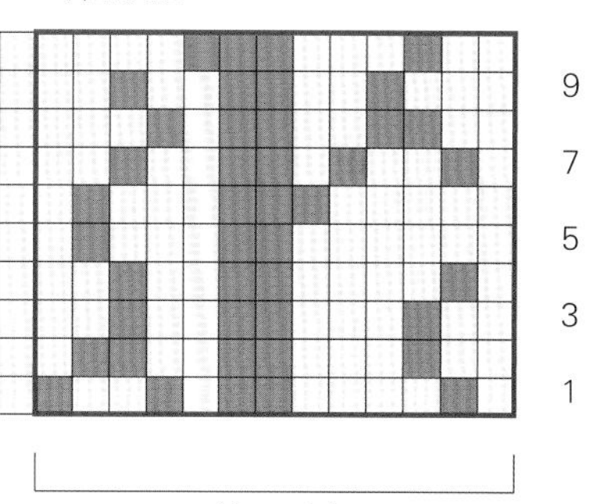

13针一重复

脉冲 (Pulse)

22的倍数

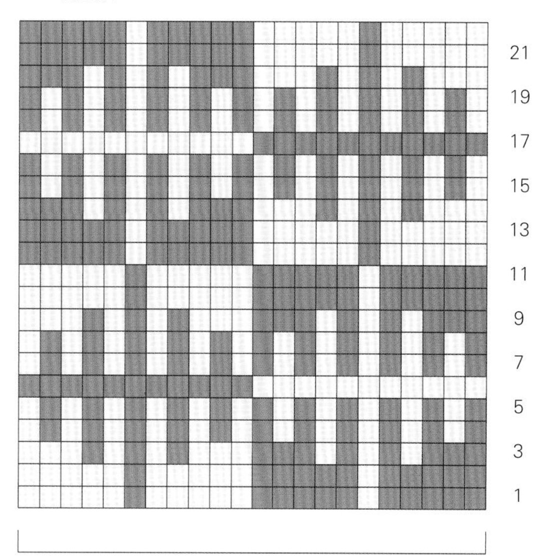

不匀 (Uneven)

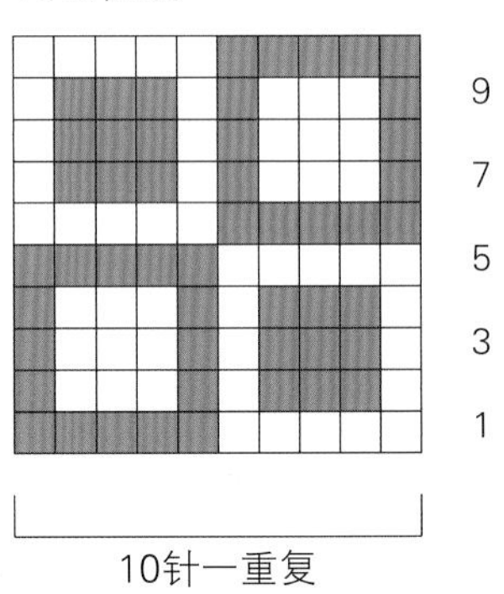

陀螺 (Spin)

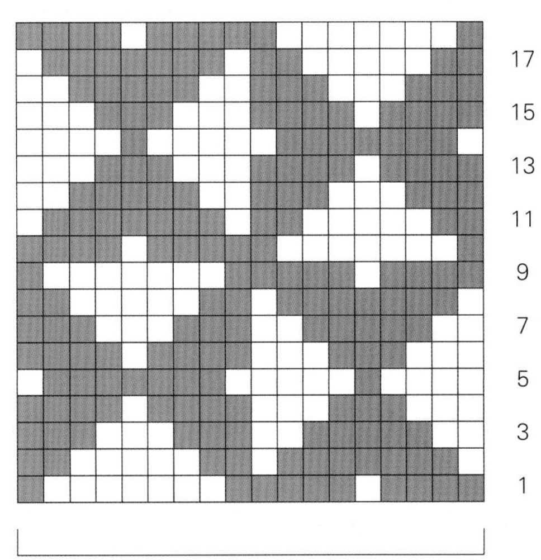

台阶 (Steps)

7的倍数

7
5
3
1

7针一重复

蛤蜊 (Clam)

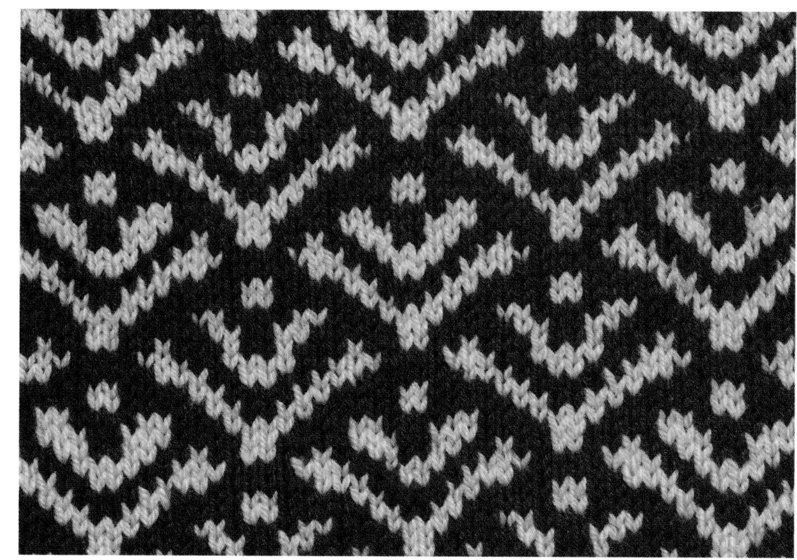

18的倍数

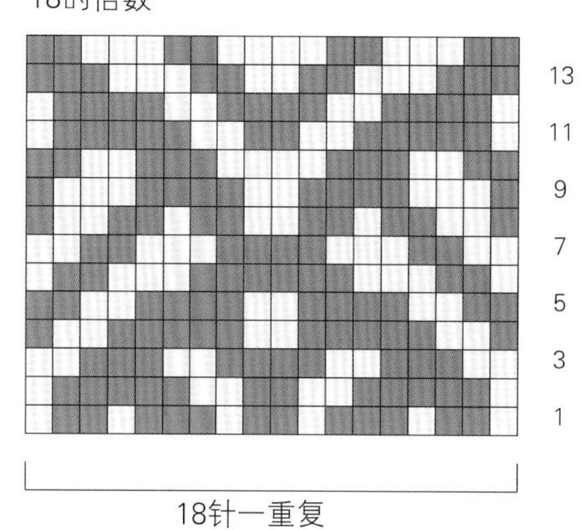

18针一重复

凹槽 (Grooves)

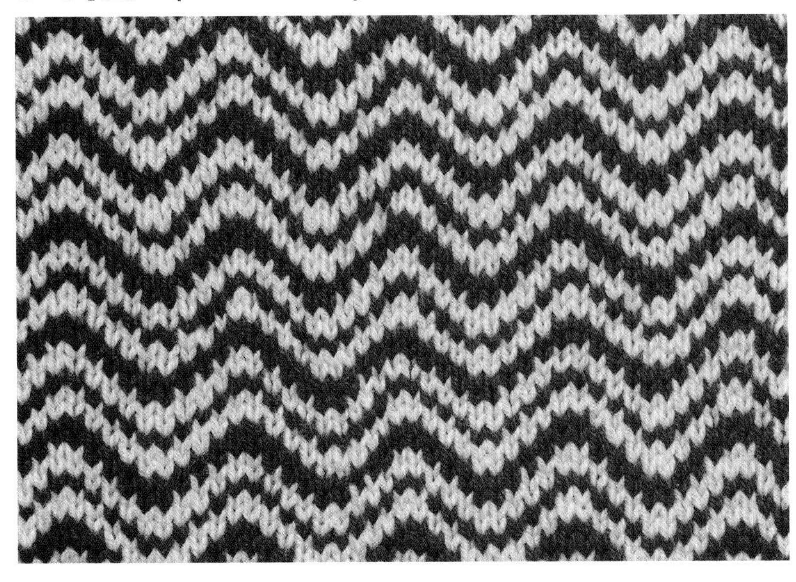

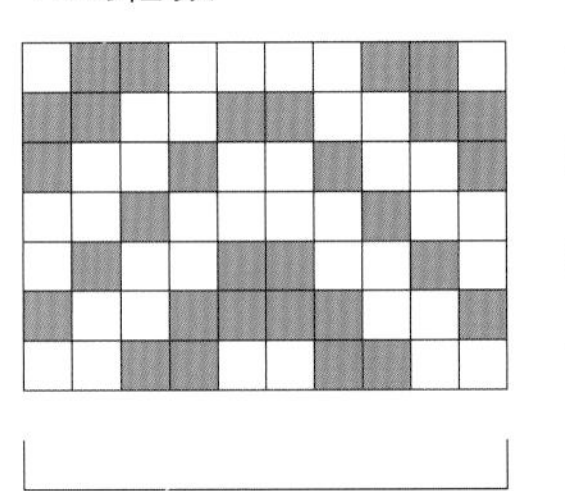

短针 (Short Stitch)

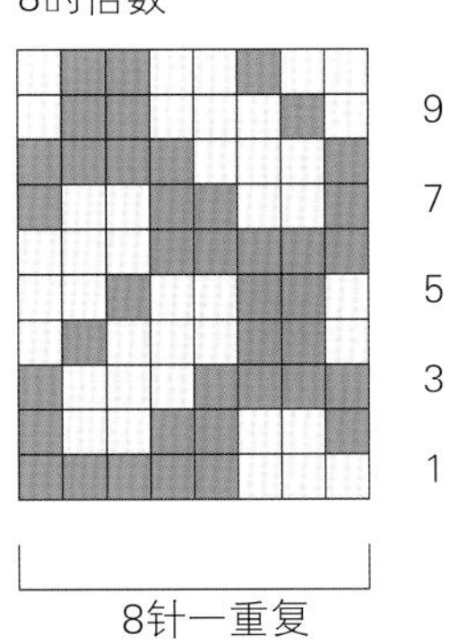

长针 (Long Stitch)

10的倍数

9
7
5
3
1

10针一重复

窗帘 (Curtain)

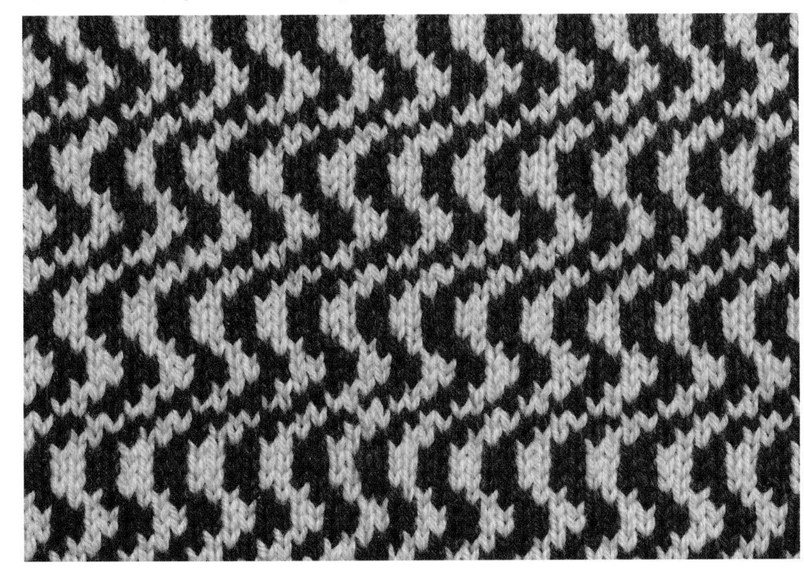

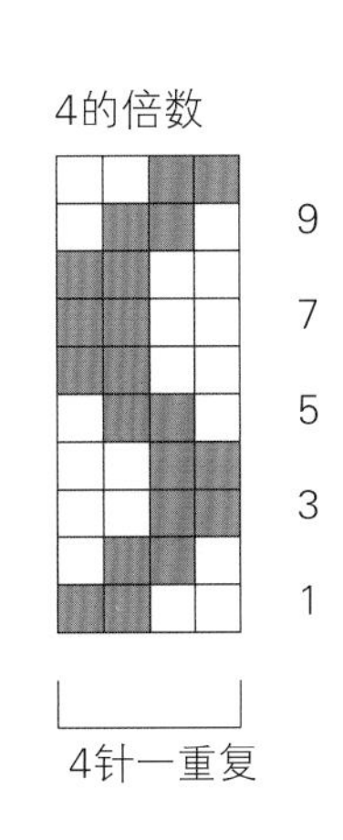

热气 (Heat)

3的倍数

9
7
5
3
1

3针一重复

上涨 (Advance)

扭曲的玻璃 (Warped Glass)

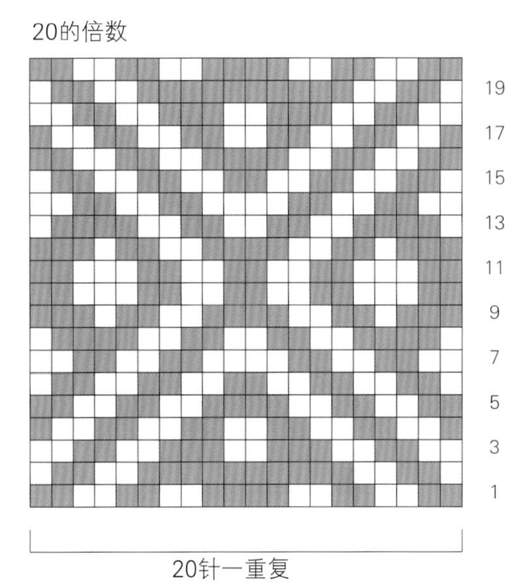

沙漠 (Desert)

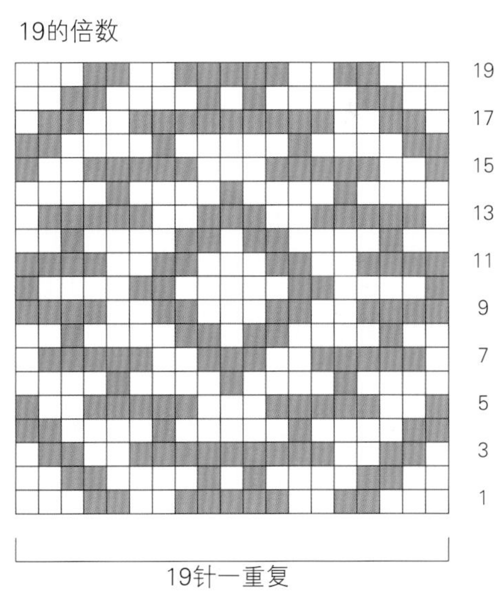

灯塔 (Beacon)

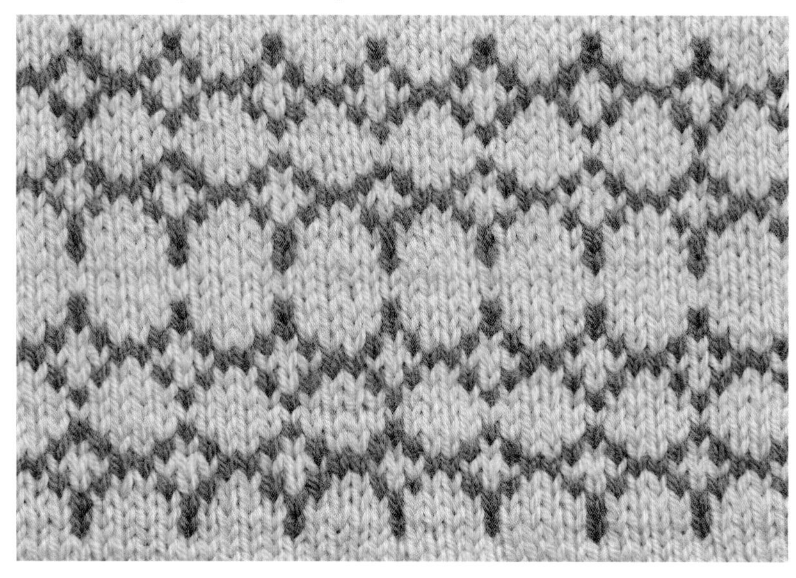

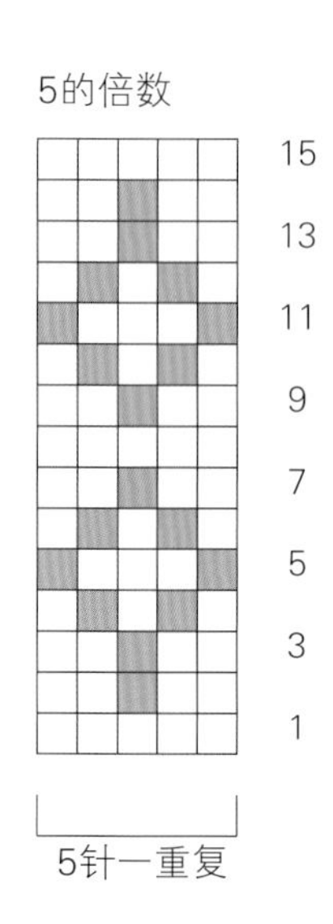

黑暗之镜 (Dark Mirror)

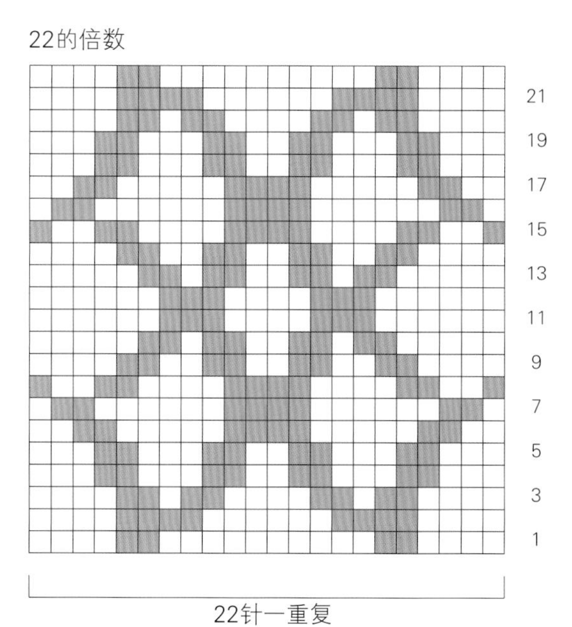

有丝分裂 (Mitosis)

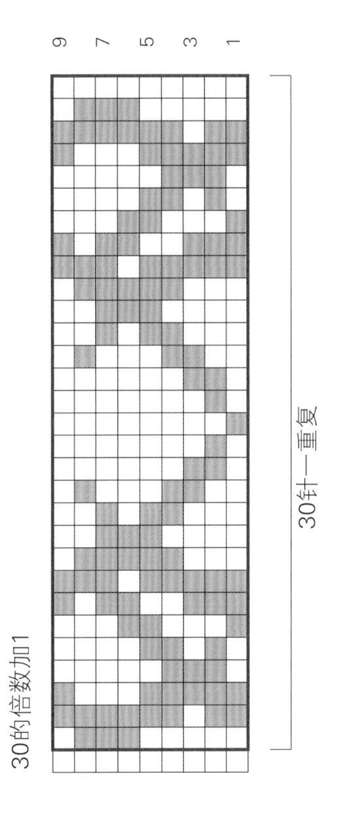

羊头头盔 (Ram's Helm)

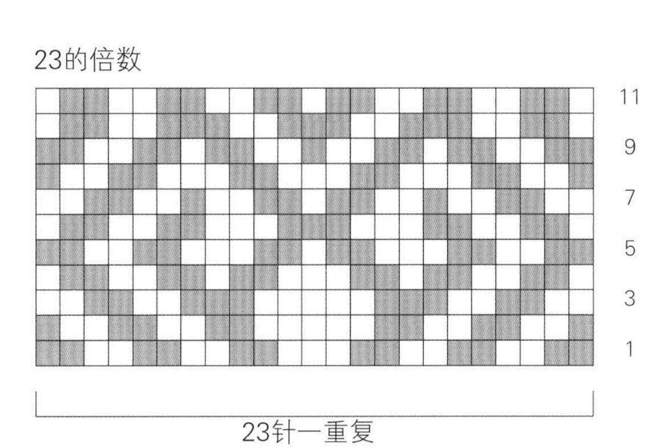

齿状螺旋 (Jagged Spiral)

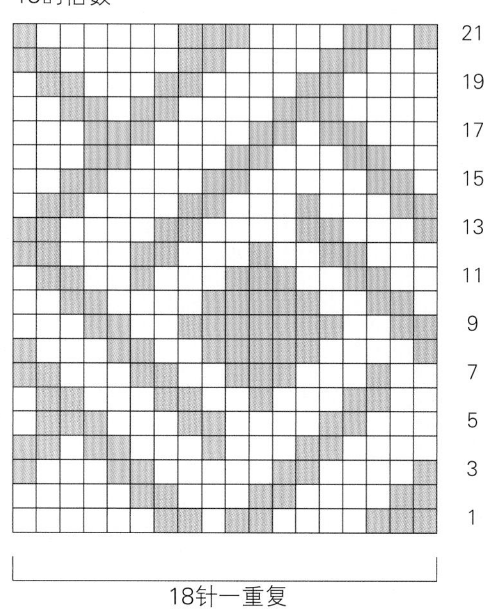

方向 (Direction)

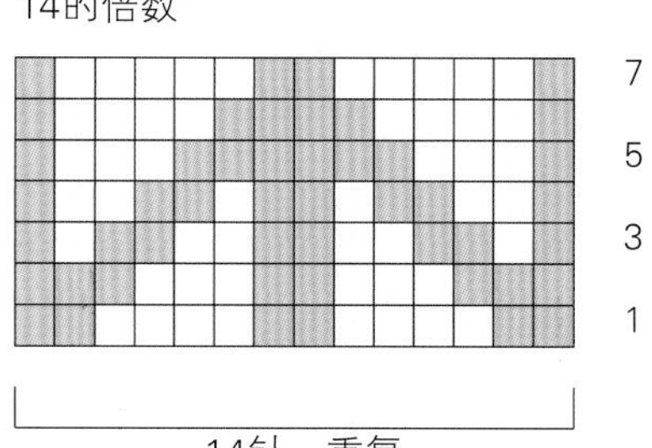

存在和缺失 (Presence & Absence)

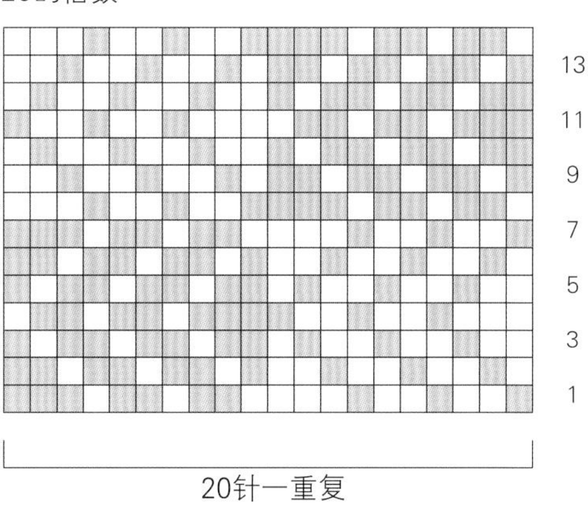

云母 (Mica)

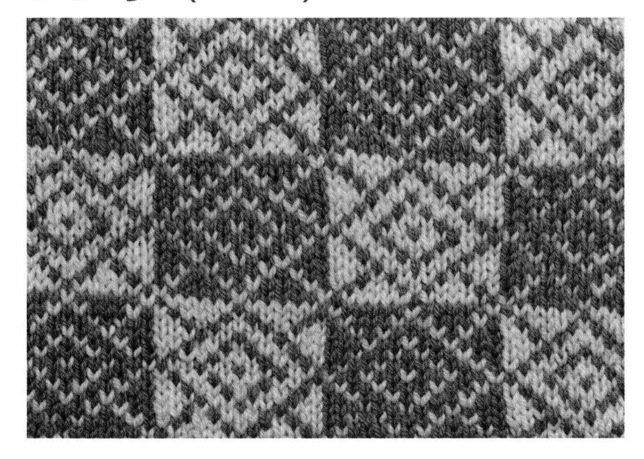

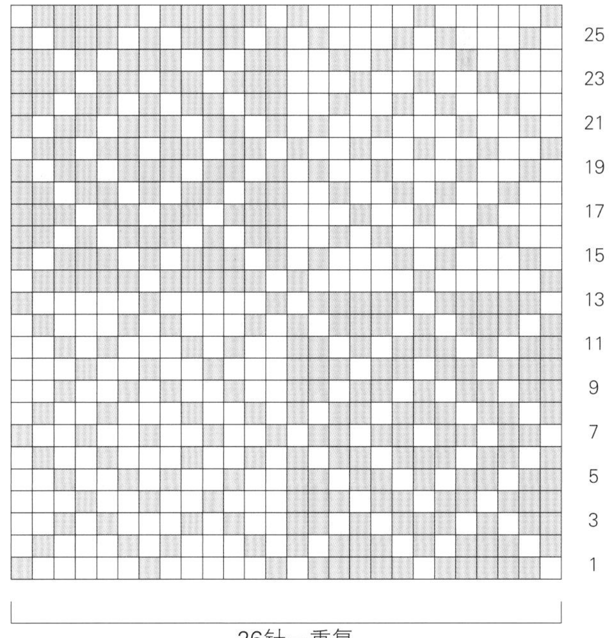

鲨鱼皮 (Shark Skin)

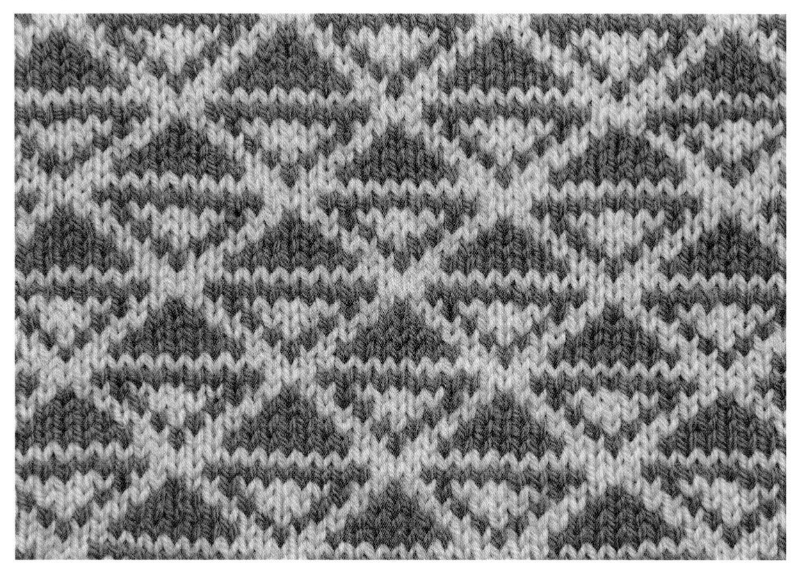

12的倍数加1

13
11
9
7
5
3
1

12针一重复

机械鸟 (Mechanical Bird)

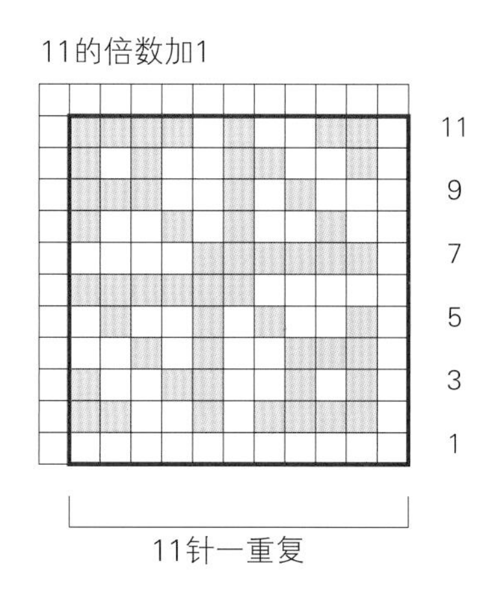

宫殿 (Palace)

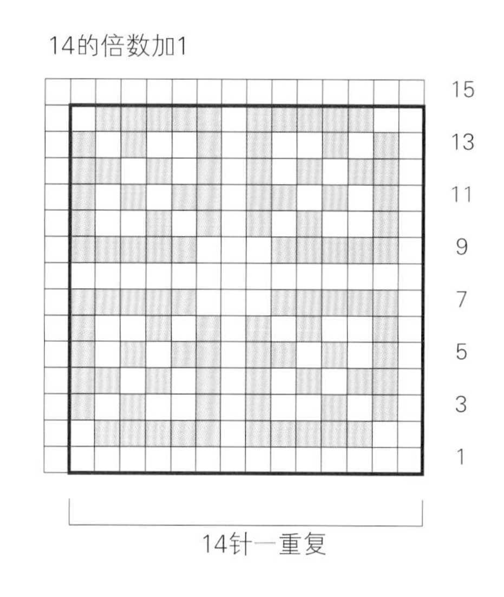

青金石 (Lazuli)

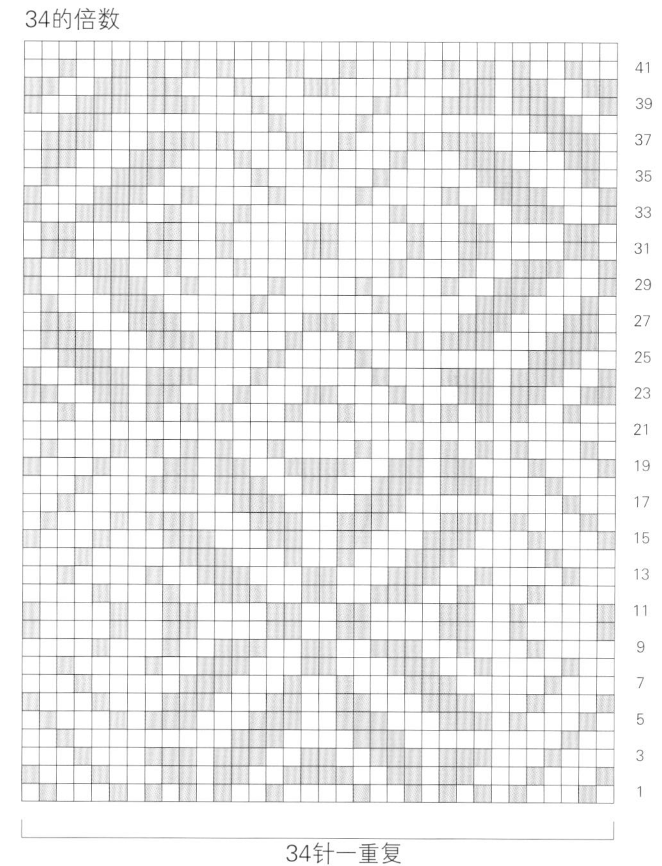

区域 (Zone)

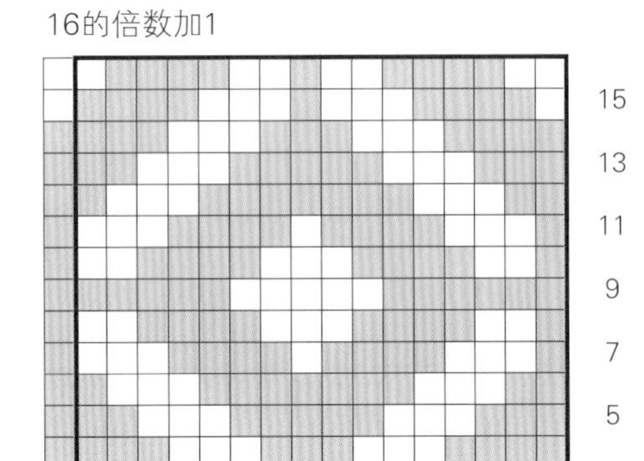

缠绕 (Twisted)

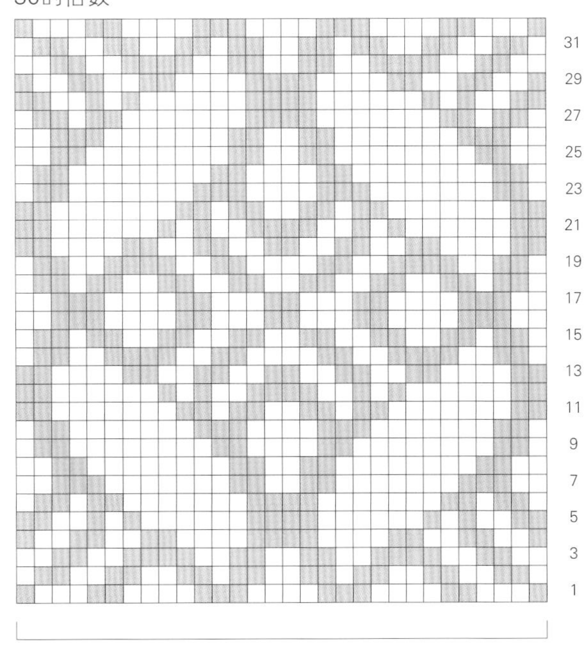

振幅 (Amplitude)

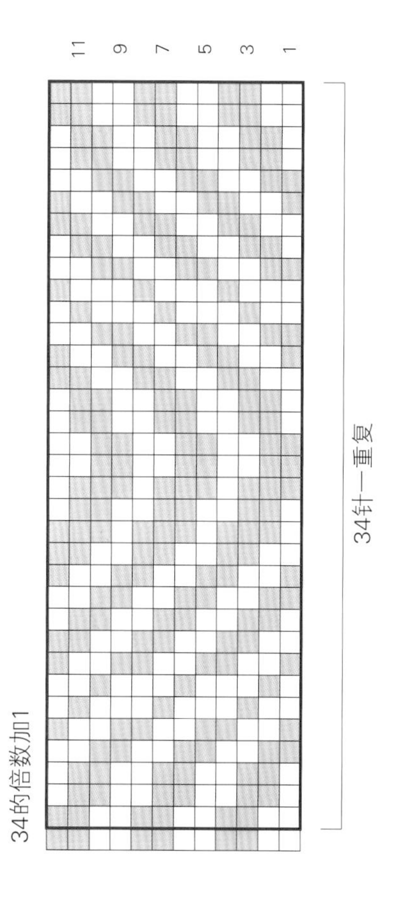

扩张 (Expansion)

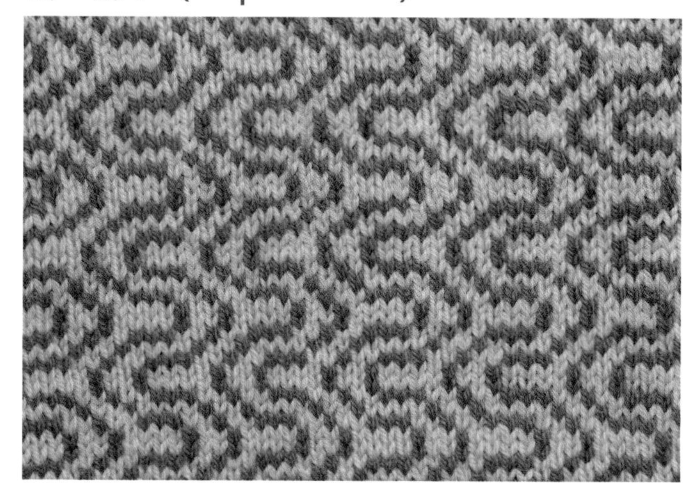

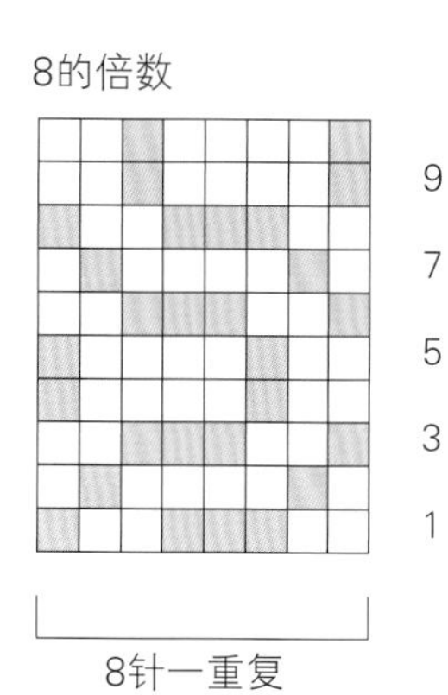

弹簧（Slinky）

20的倍数

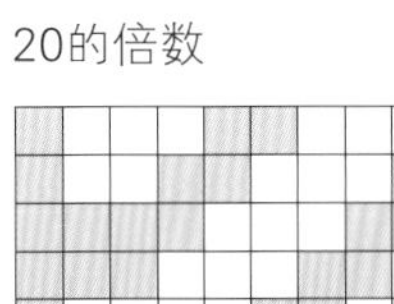
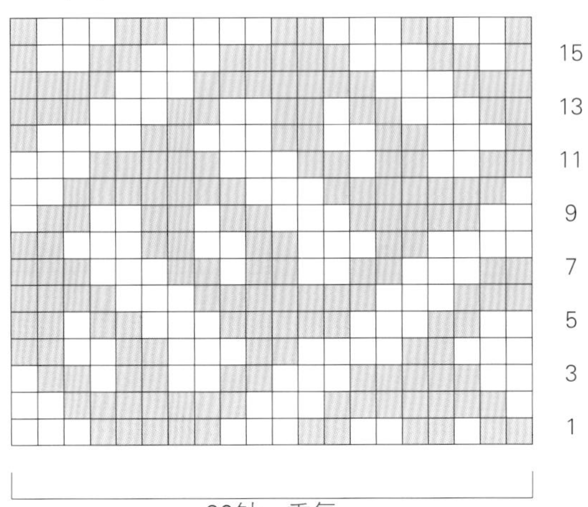

20针一重复

气泡（Bubbles）

28的倍数

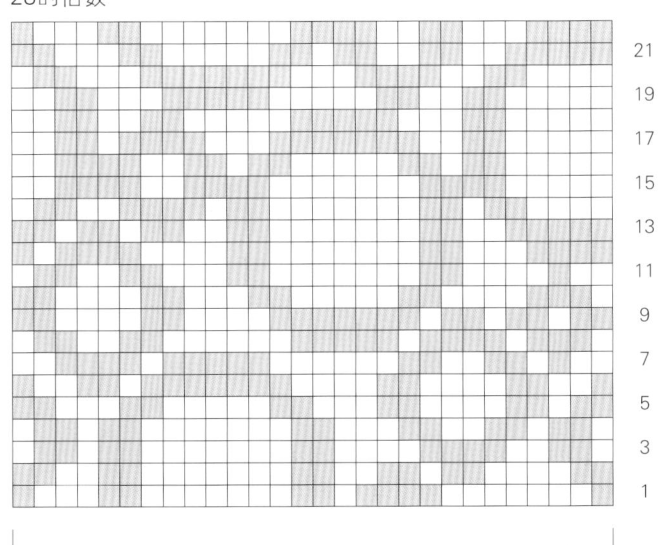

28针一重复

暴风雨 (Tempest)

15的倍数

19
17
15
13
11
9
7
5
3
1

15针一重复

亚哈 (Ahab)

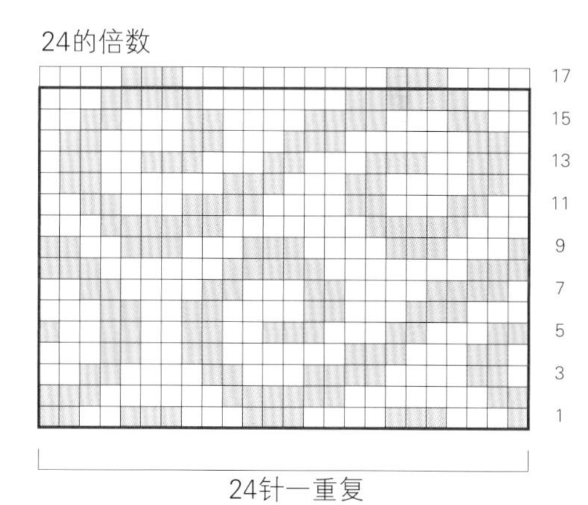

暗潮 (Undertow)

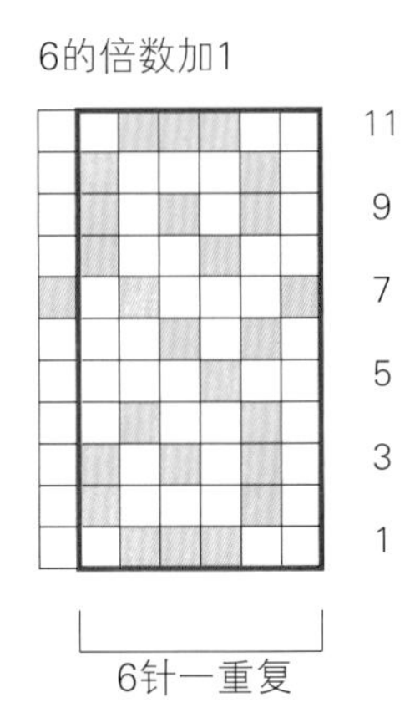

潮汐 (Tides)

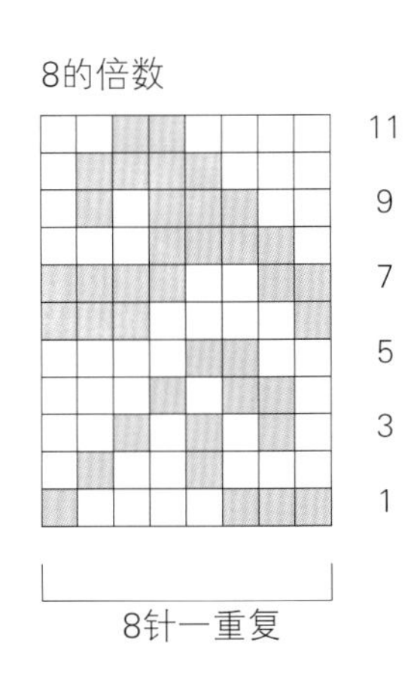

波浪 (Waves)

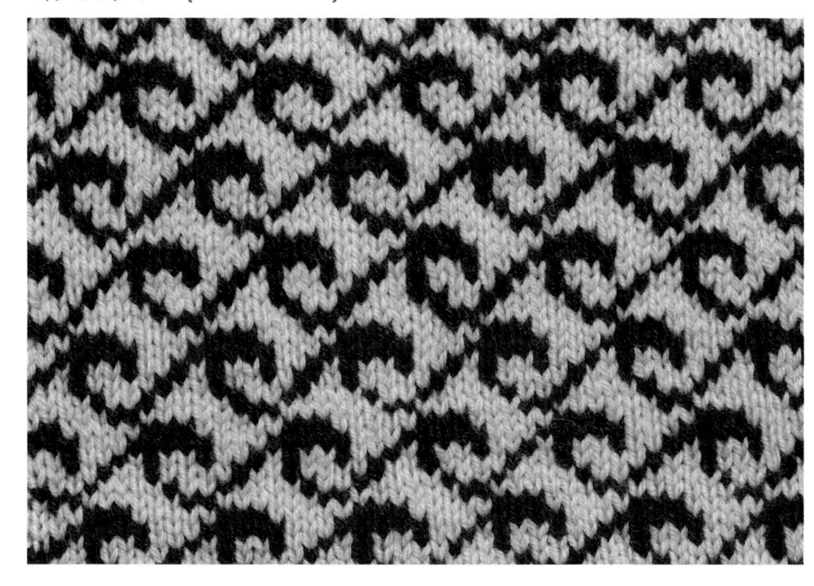

8的倍数

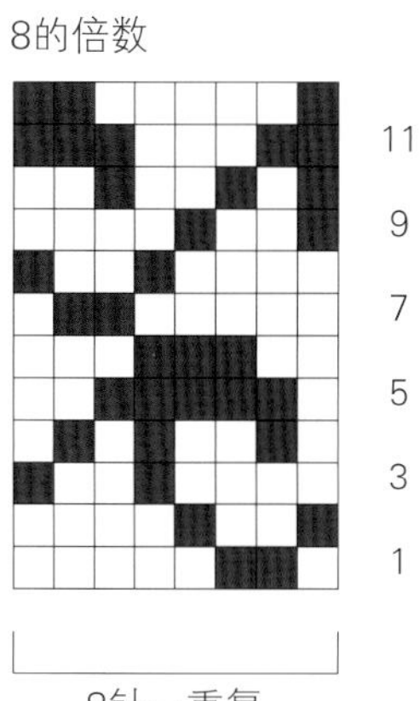

地平线 (Skyline)

28的倍数

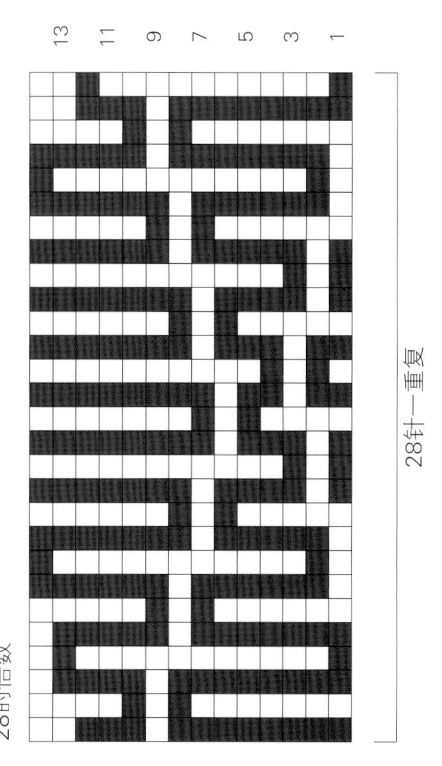

木板 (Planks)

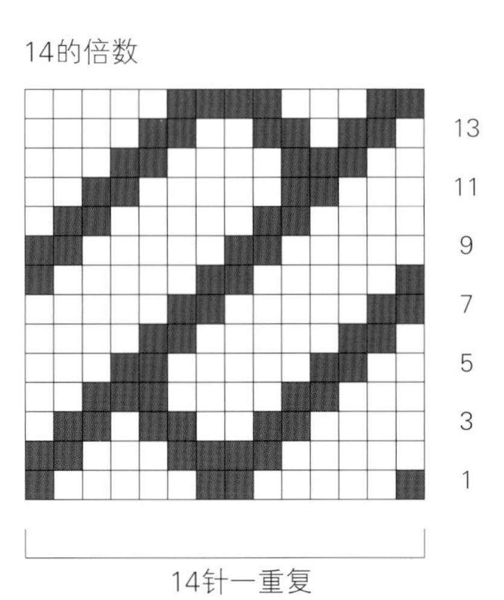

涡纹 (Whorl)

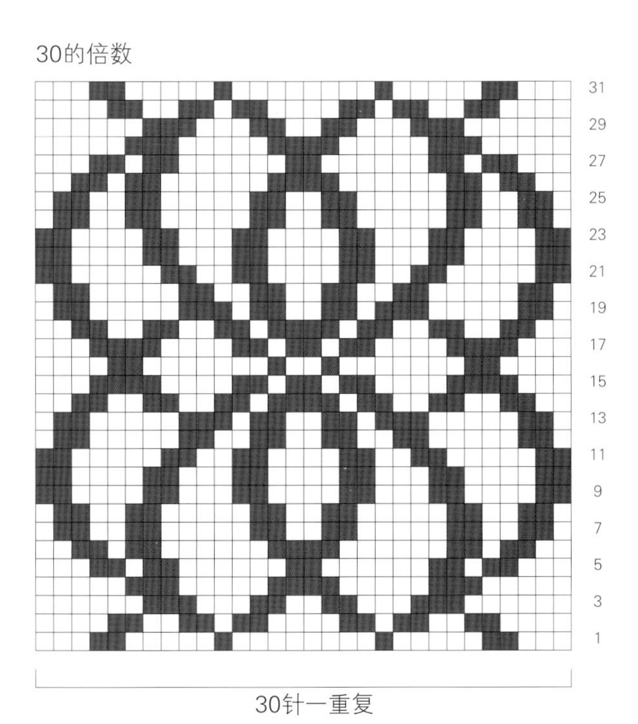

玛瑙 (Agate)

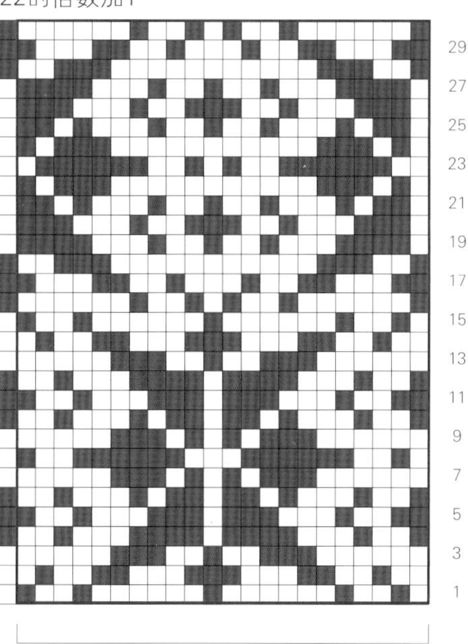

阴阳鱼 (Escher Fish)

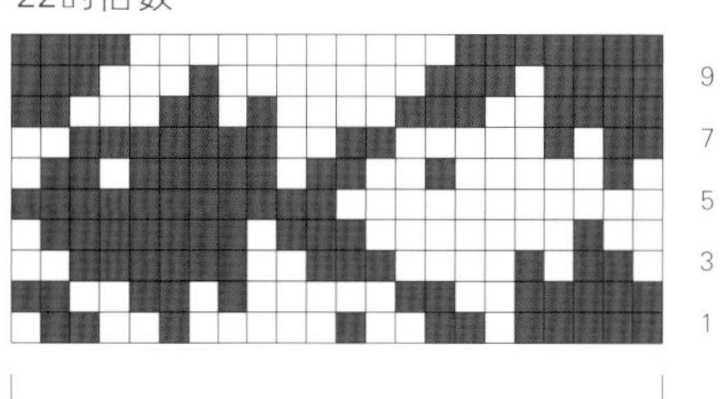

盾牌 (Shields)

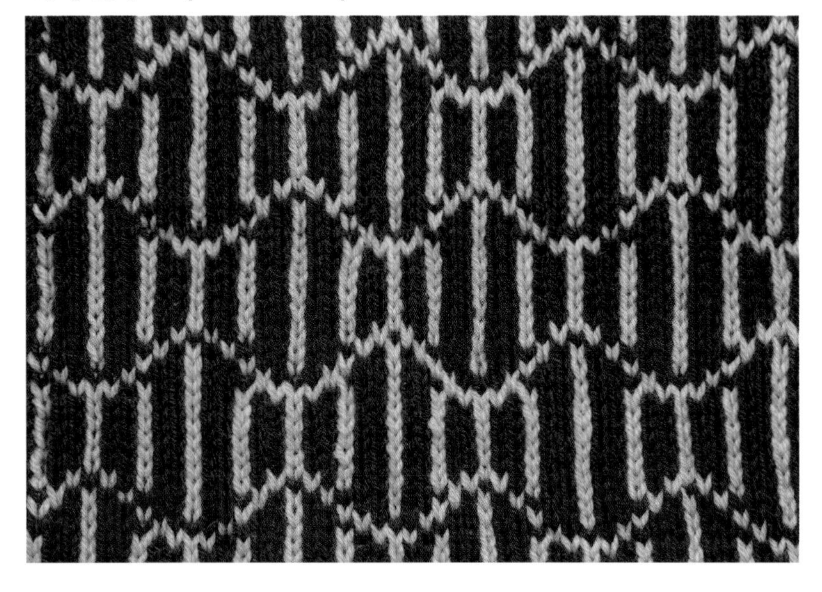

12的倍数加1

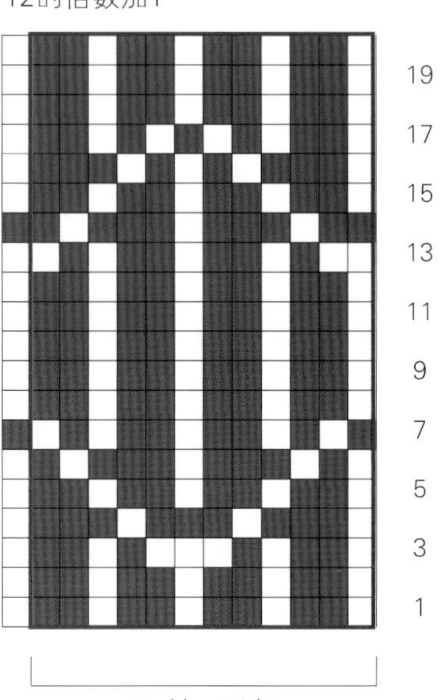

12针一重复

永恒 (Timeless)

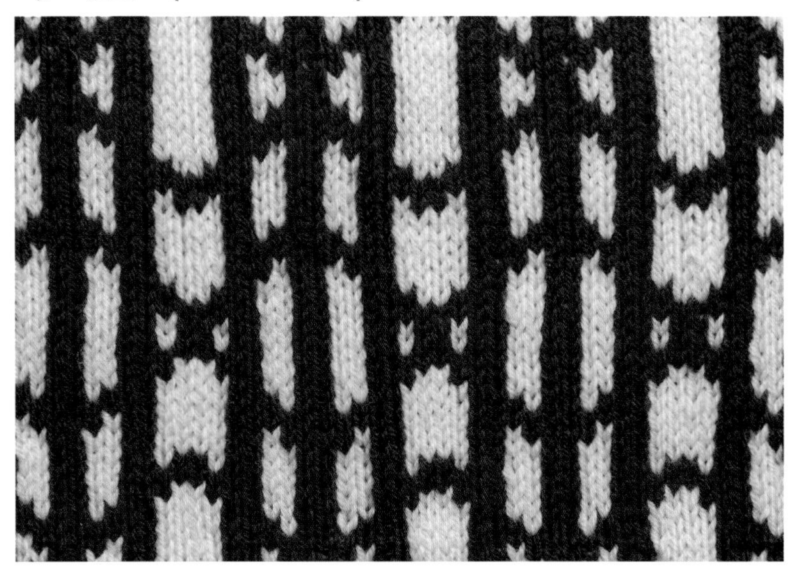

14的倍数

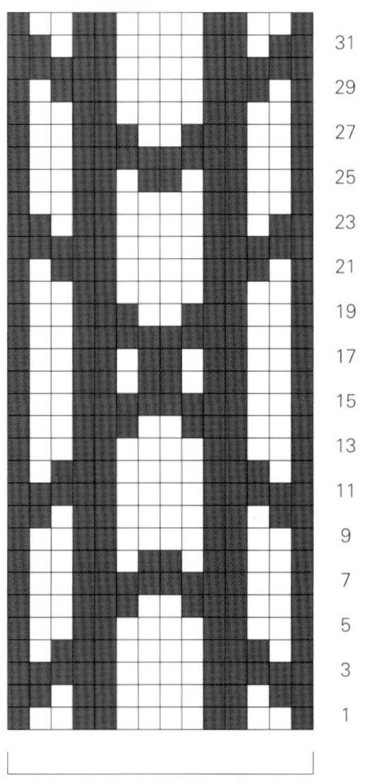

14针一重复

雕刻 (Carve)

14的倍数

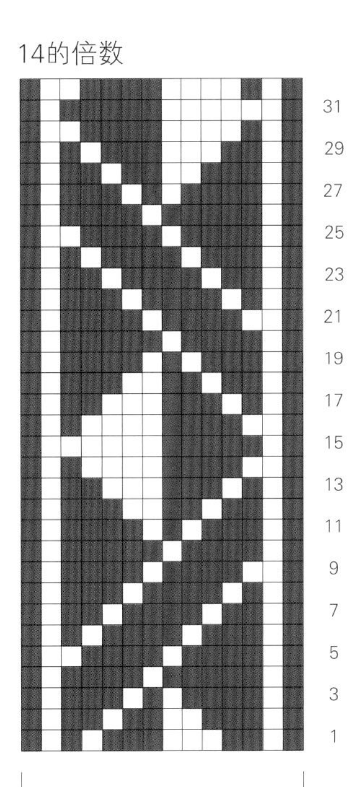

14针一重复

棱镜 (Prism)

24的倍数

24针一重复

倾听 (Hearken)

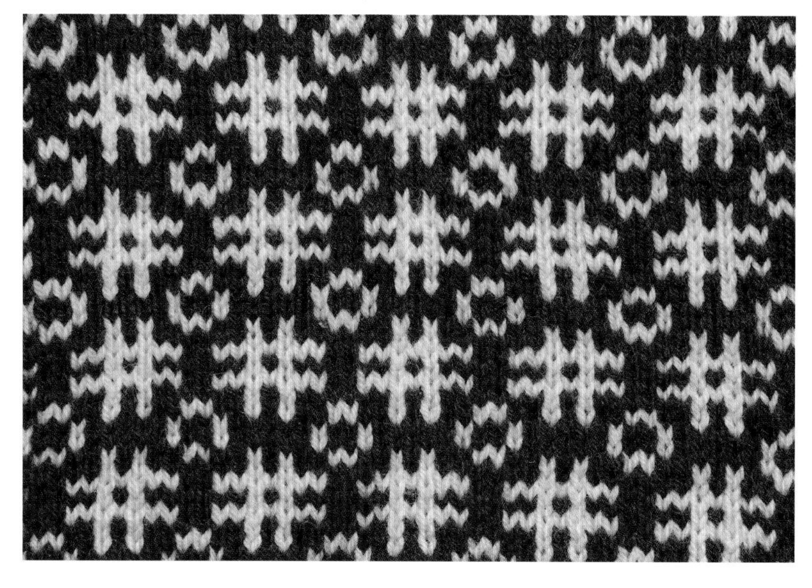

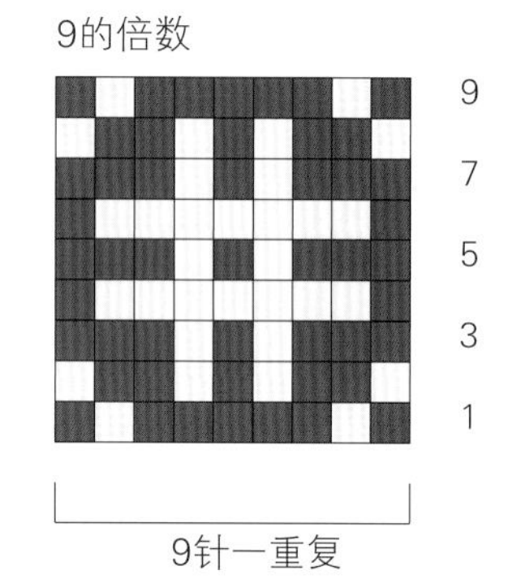

无休止 (Perpetual)

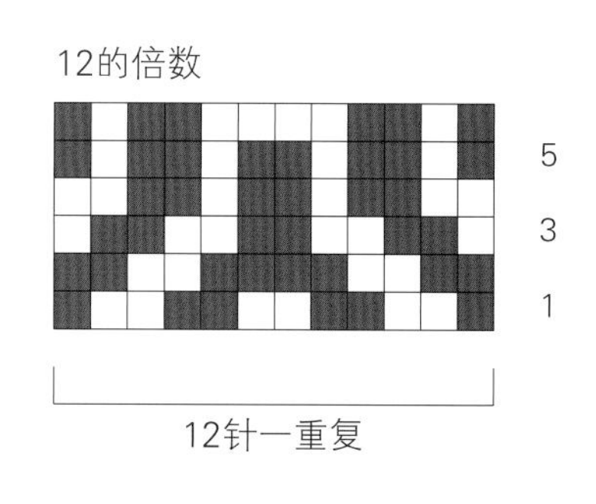

阴阳树 (Escher Trees)

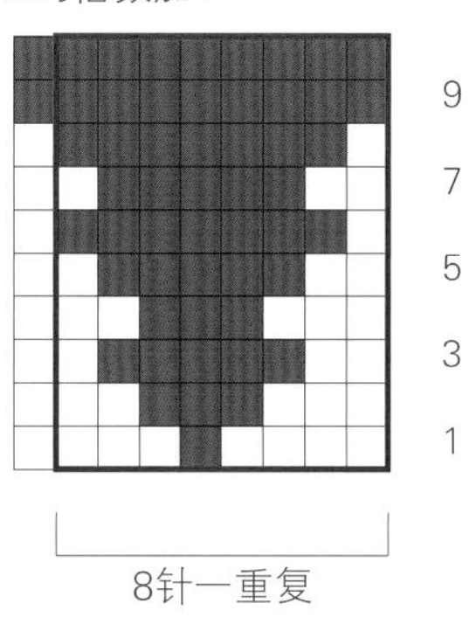

刀刃 (Edge)

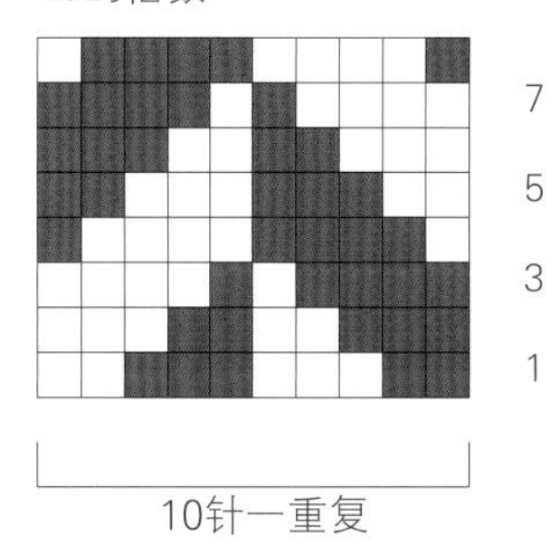

眩晕 (Vertigo)

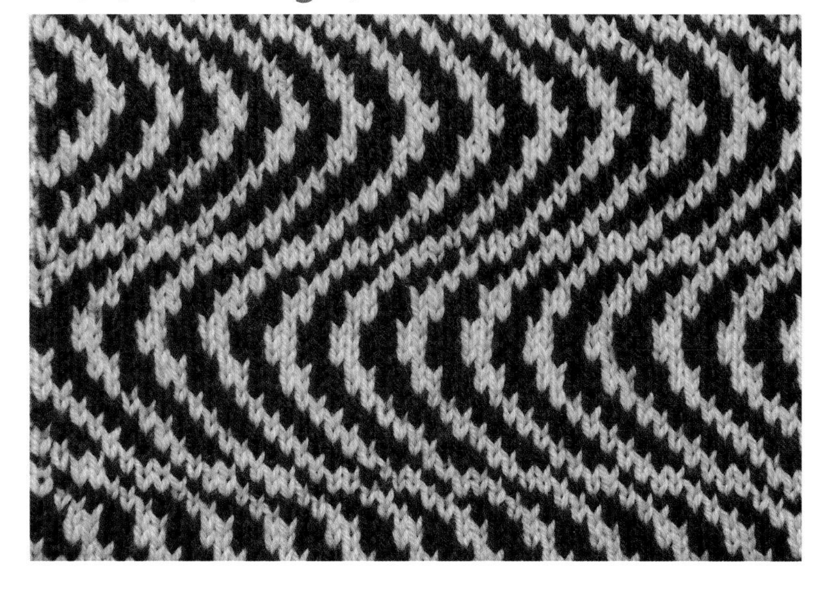

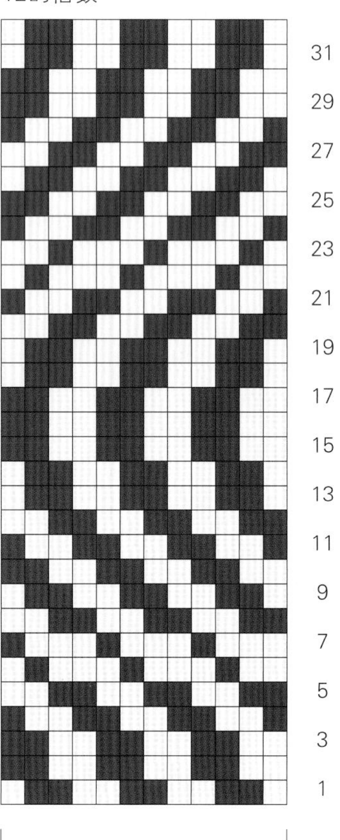

饰钉 (Studs)

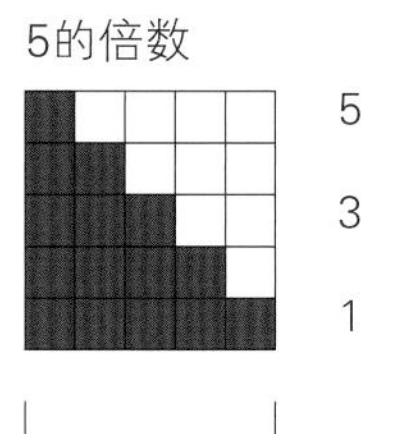

游戏 (Game)

10的倍数

9
7
5
3
1

10针一重复

锁子甲 (Chain Mail)

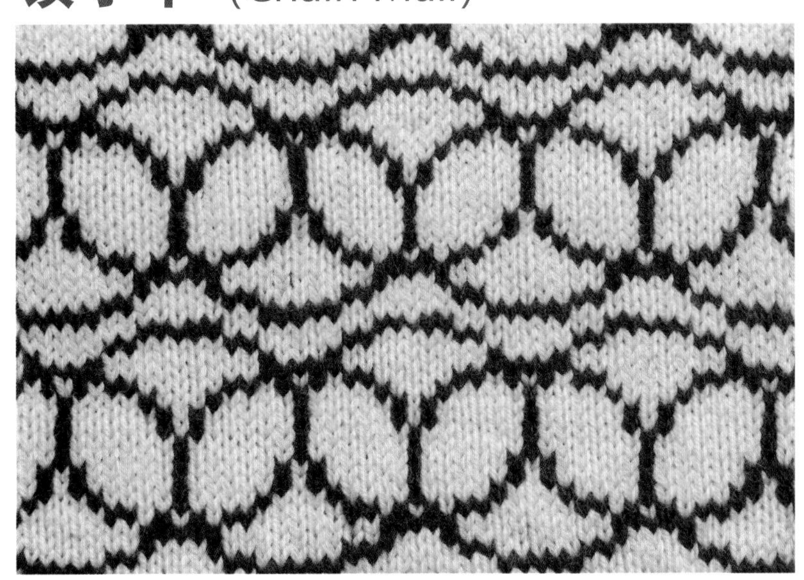

14的倍数加1

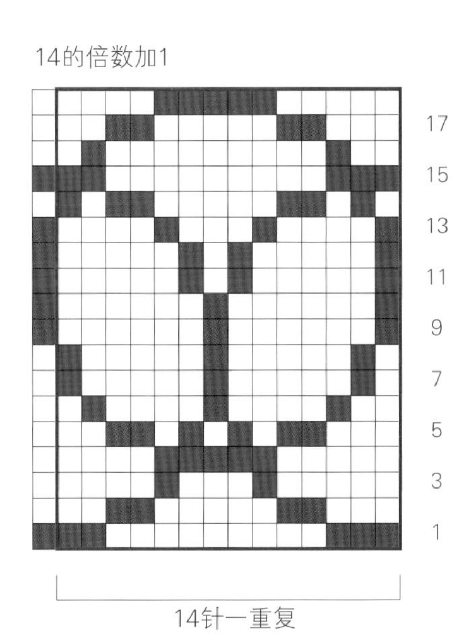

金银丝纹饰 (Filigree)

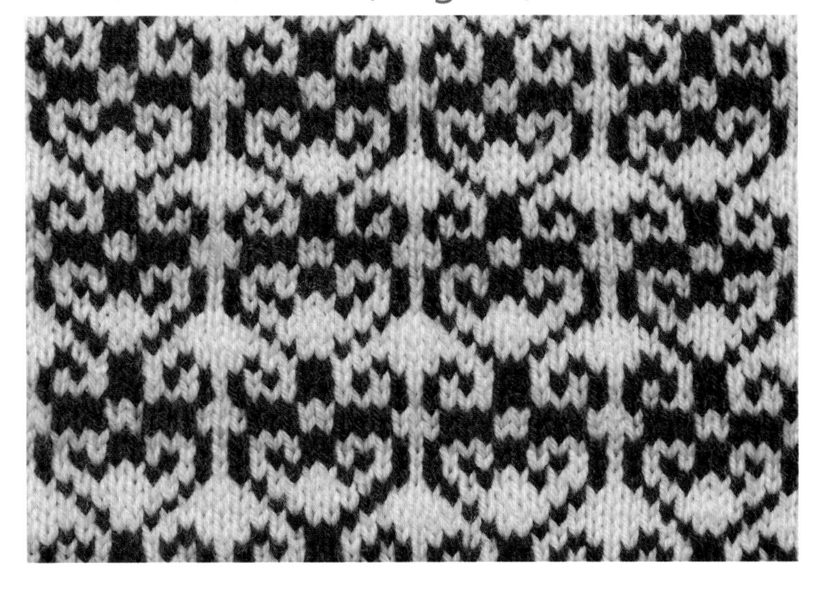

11的倍数加1

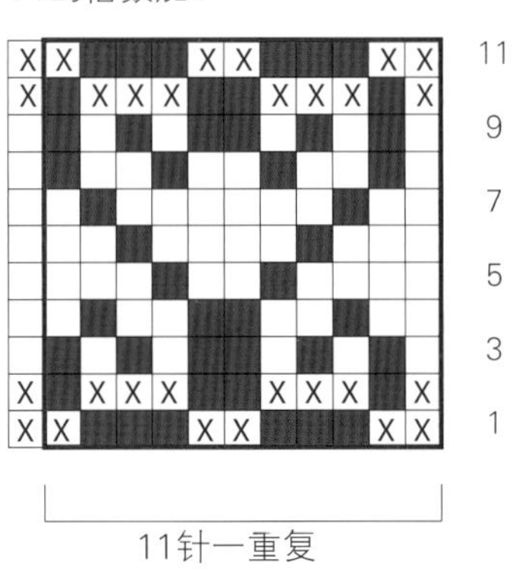

水晶 (Crystal)

10的倍数加1

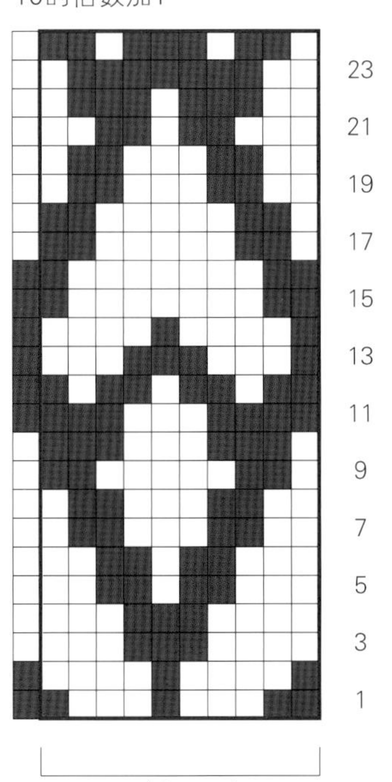

希腊 (Greek)

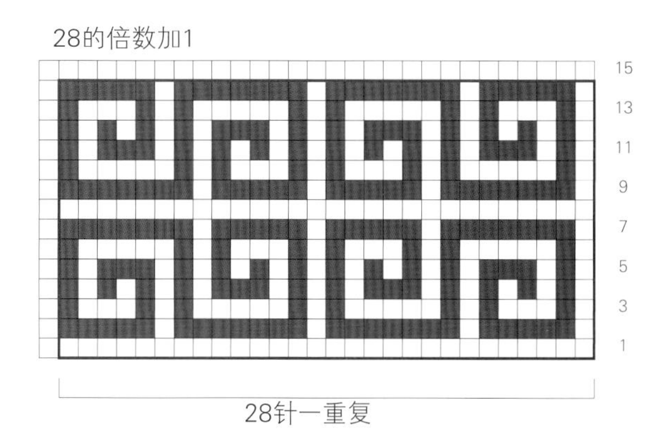

斯巴达 (Sparta)

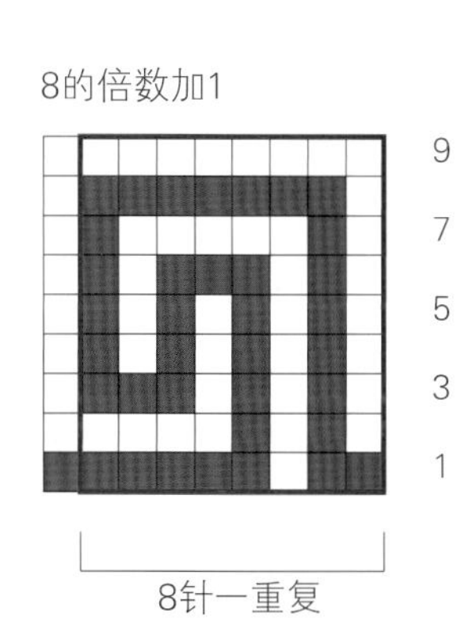

雅典娜 (Athena)

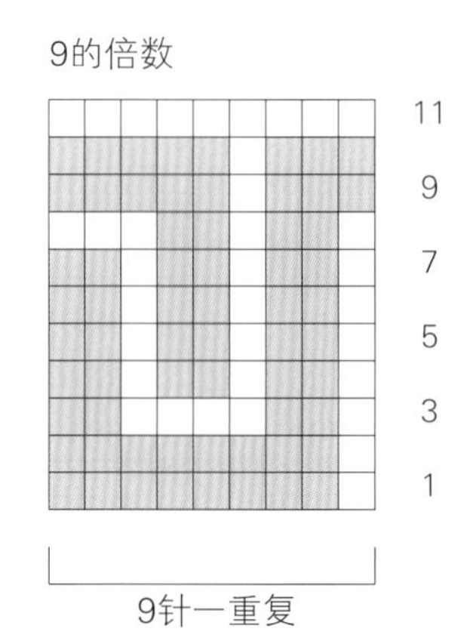

瓷砖 (Tiles)

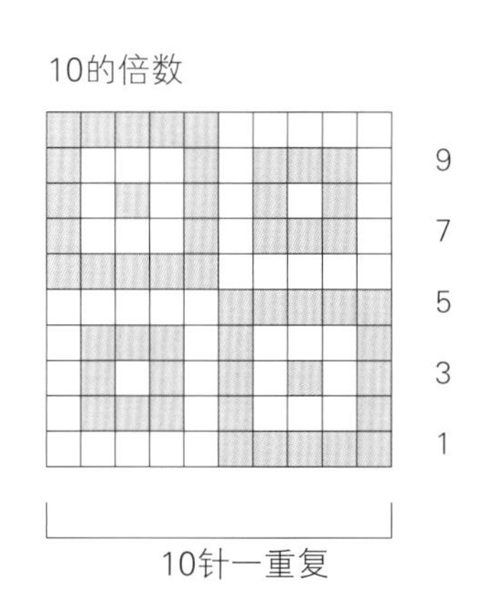

格栅 (Grated)

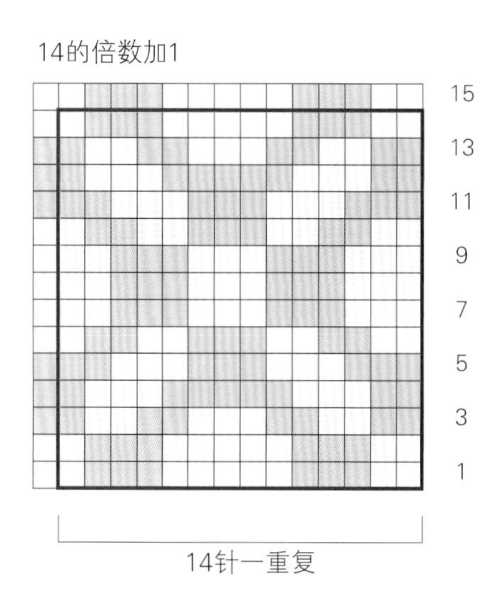

维度 (Dimensions)

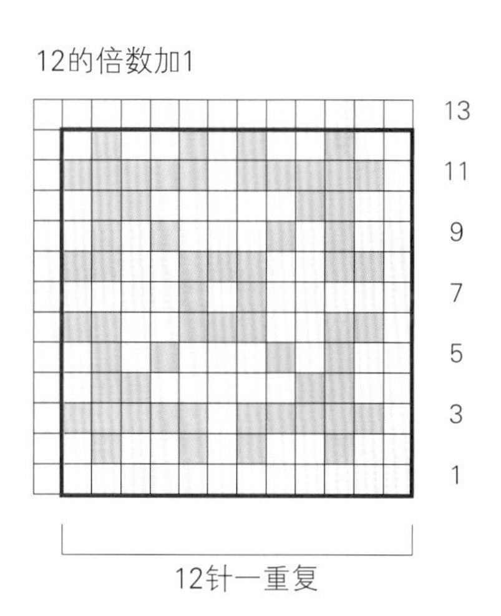

万神殿 (Pantheon)

16的倍数加1

17
15
13
11
9
7
5
3
1

16针一重复

熔断 (Fused)

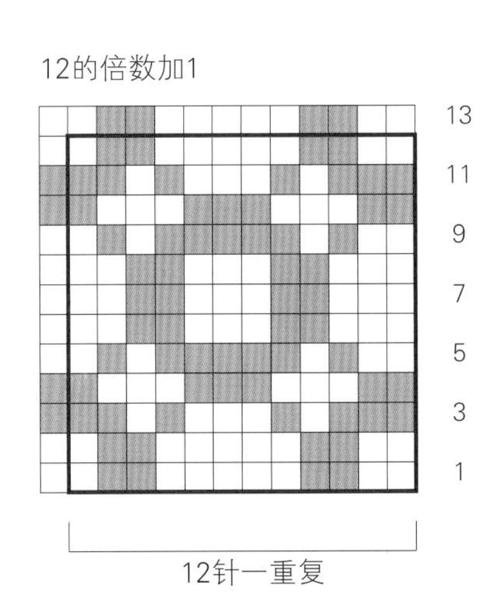

齿轮 (Gears)

18的倍数加1

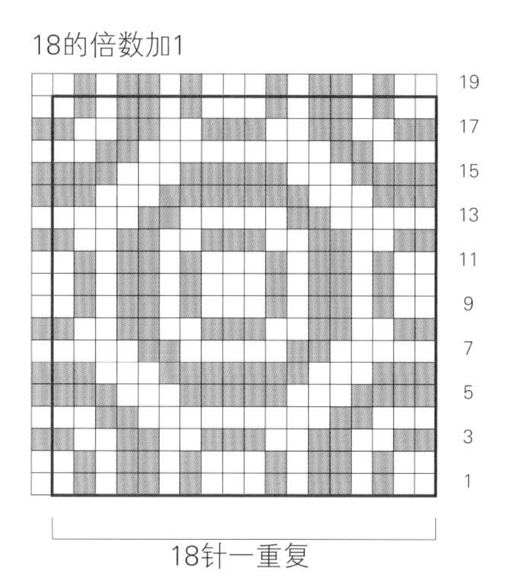

机器 (The Machine)

18的倍数加1

扩散 (Diffusions)

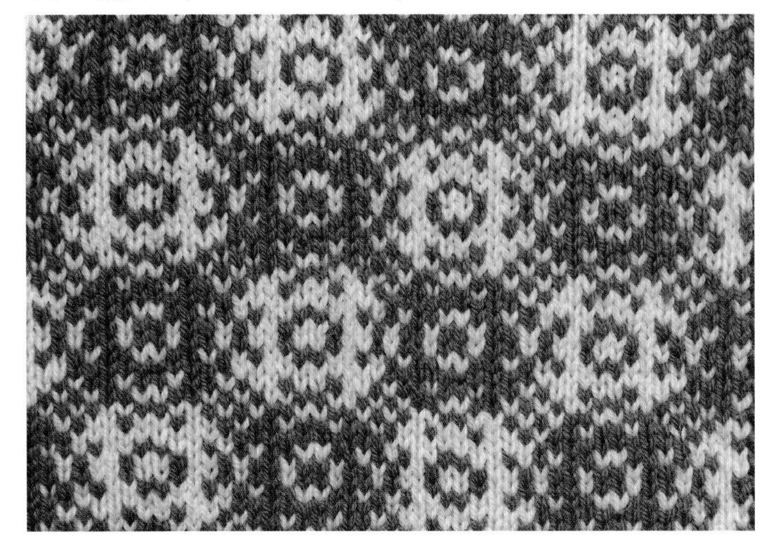

20的倍数

19
17
15
13
11
9
7
5
3
1

20针一重复

雪花 (Snowflake)

卷须 (Tendrils)

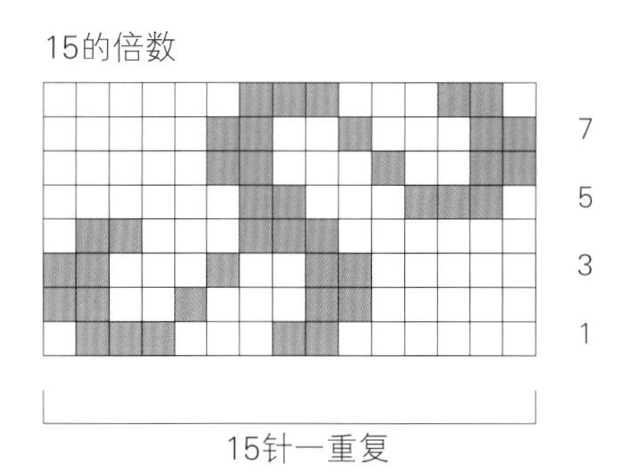

螺旋 (Helix)

阴阳蝙蝠 (Escher Bats)

26的倍数

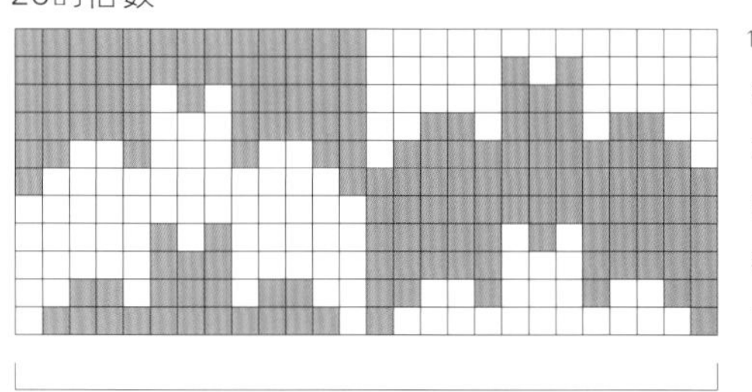

26针一重复

小饰物 (Trinket)

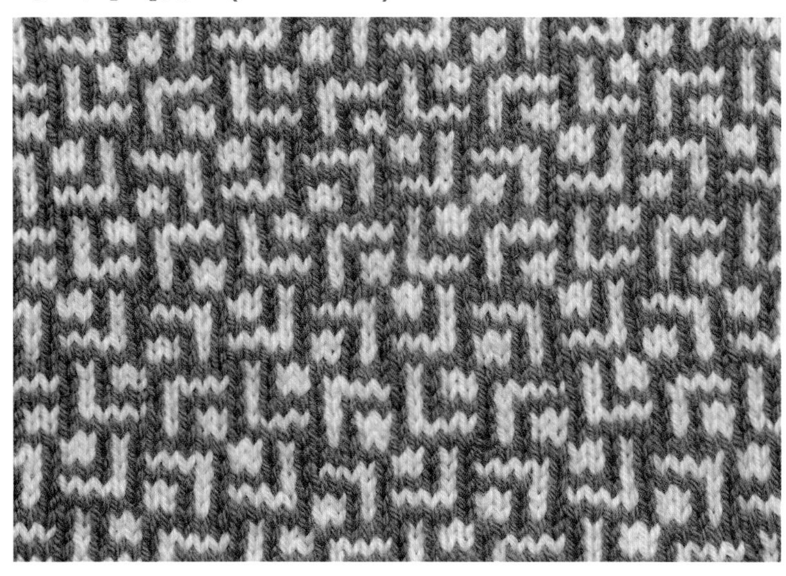

10的倍数

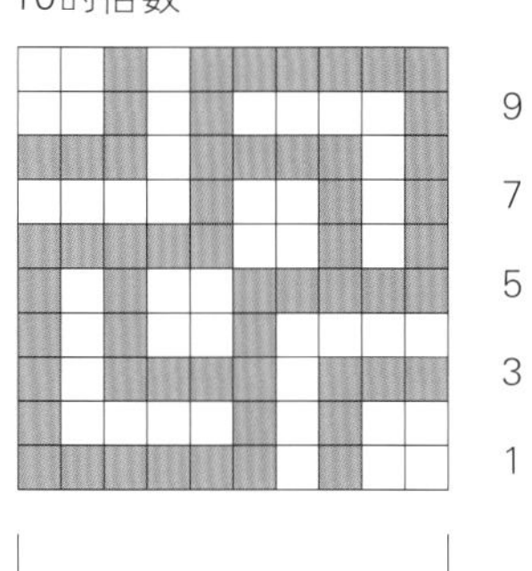

10针一重复

特尔斐 (Delphi)

20的倍数

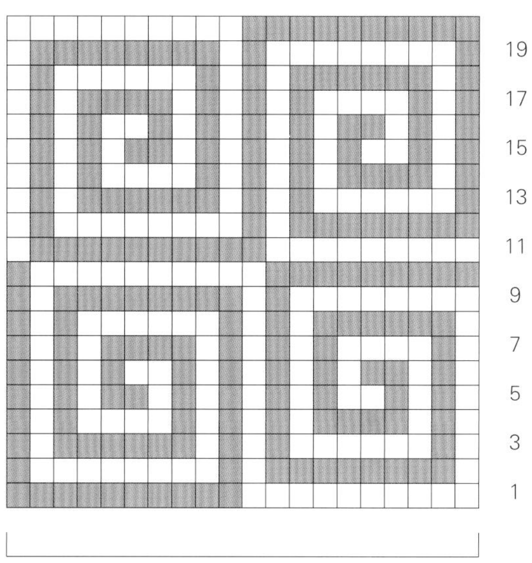

克里特 (Crete)

8的倍数加1

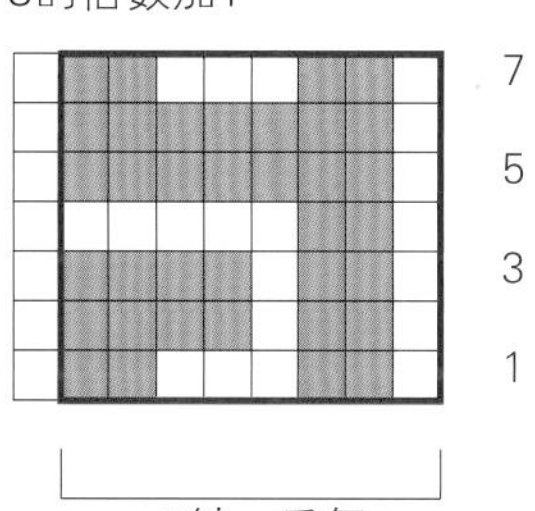

冬日之寒 (Winter’s Chill)

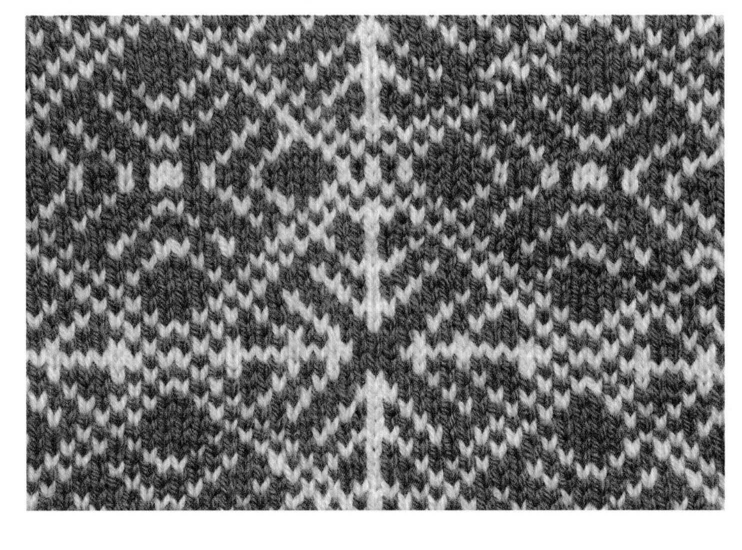

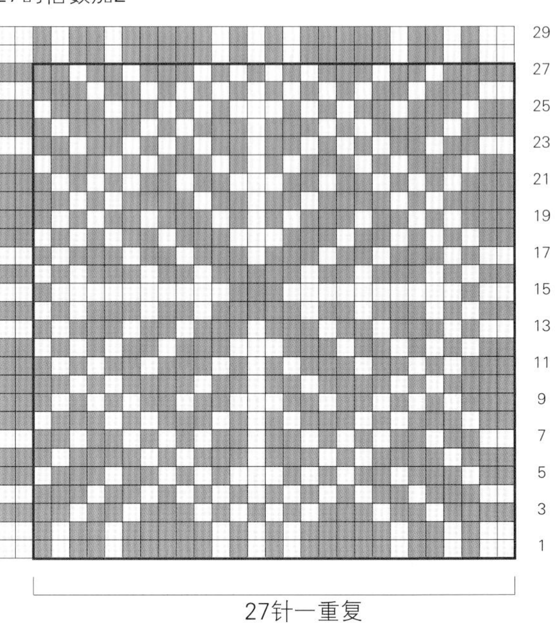

程度 (Extent)

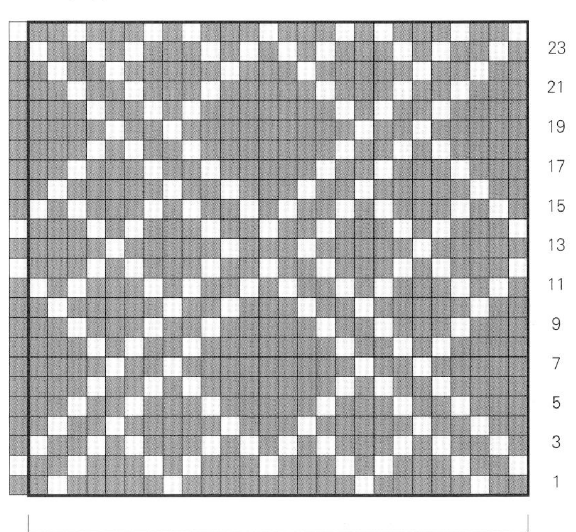

集会 (Assembly)

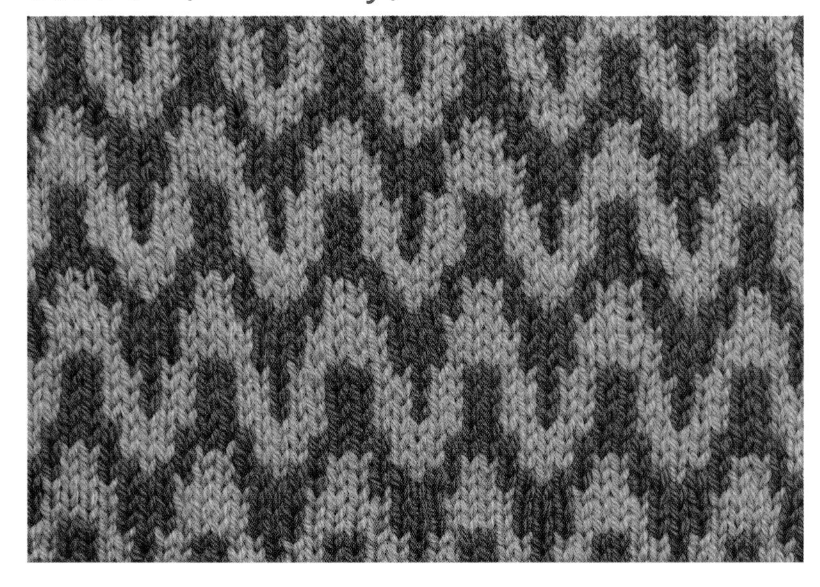

7的倍数加1

9
7
5
3
1

7针一重复

锁 (The Locks)

20的倍数

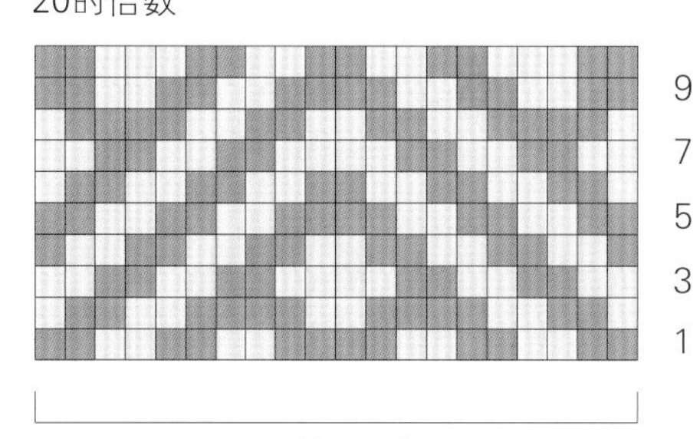

20针一重复

振荡 (Oscillation)

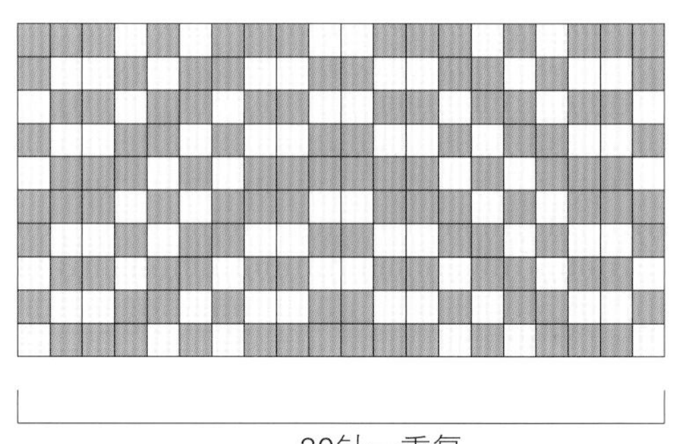

不完美 (Imperfect)

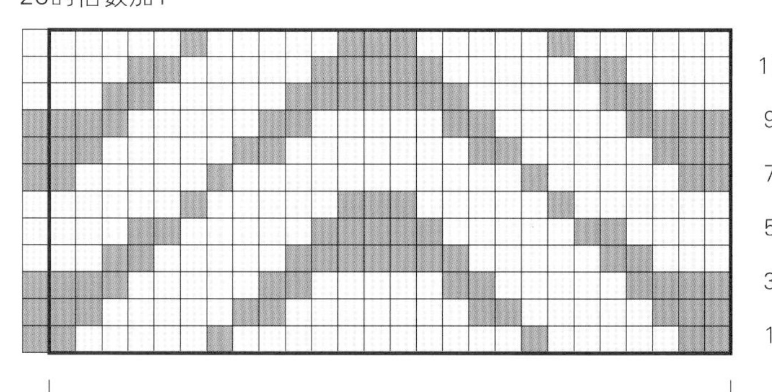

下降 (Down)

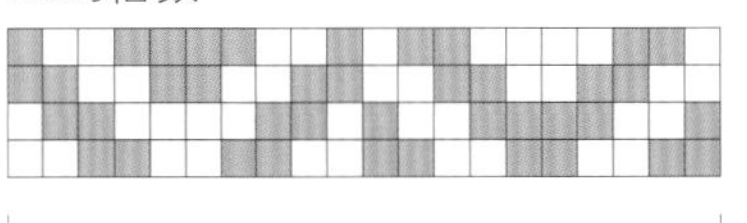

水中叶 (Leaves in Water)

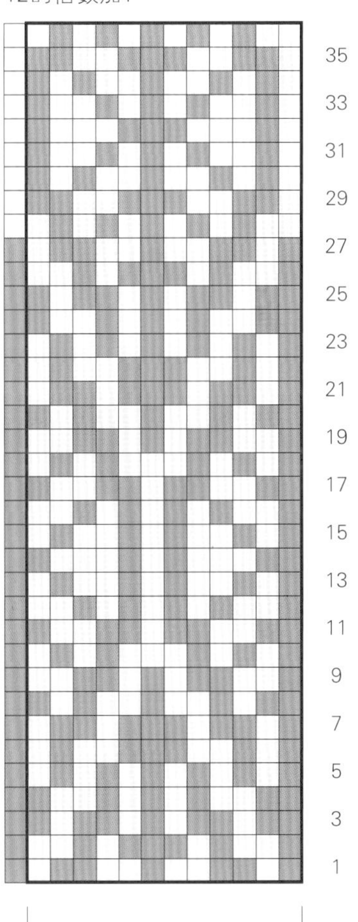

覆盖 (Overlay)

16的倍数

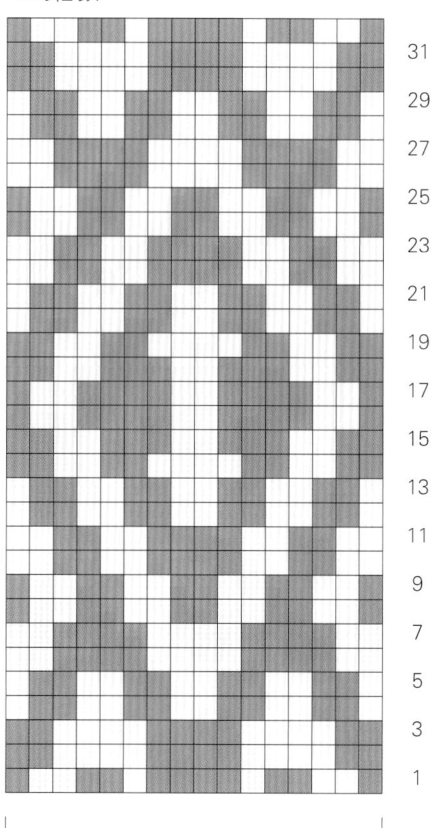

地壳构造 (Tectonic)

10的倍数

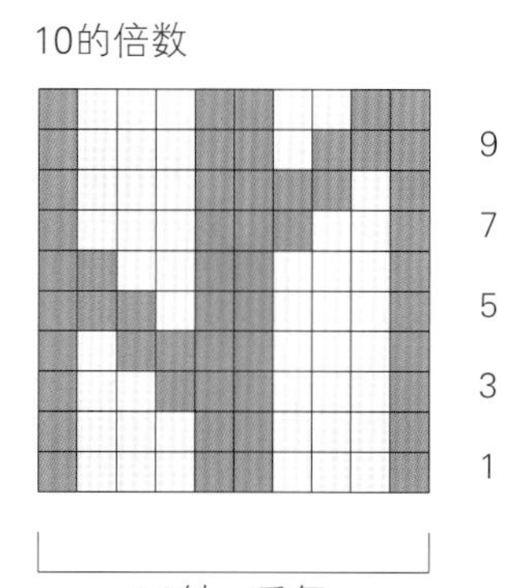

上升 (Ascend)

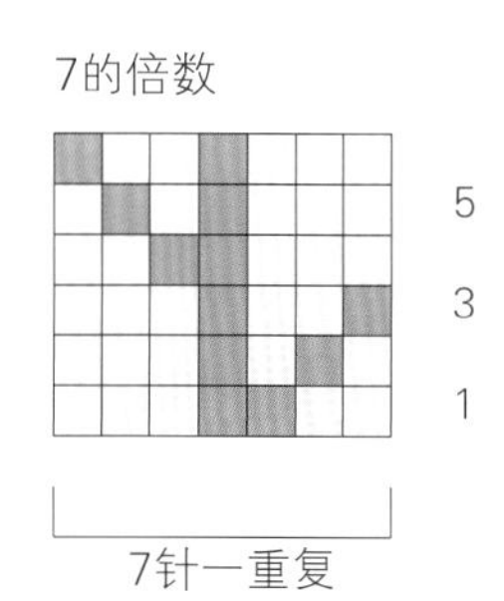

方解石 (Calcite)

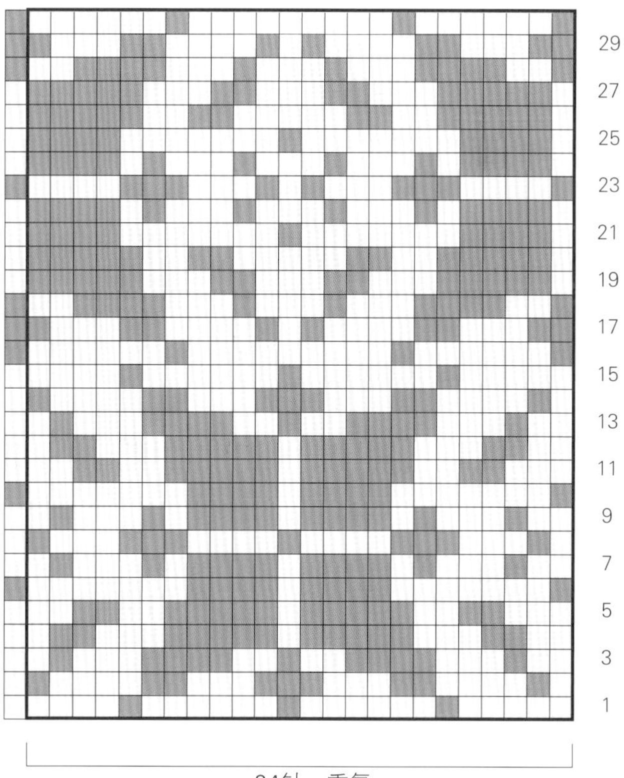

冻结 (Froze)

15的倍数

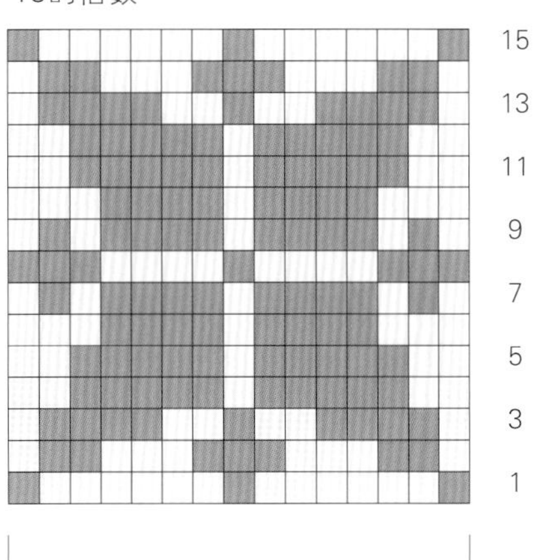

15针一重复

铸铁 (Cast Iron)

12的倍数加1

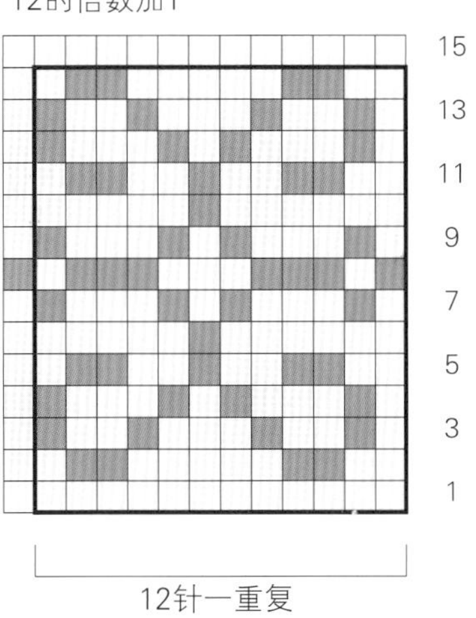

12针一重复

旋涡 (Spiral)

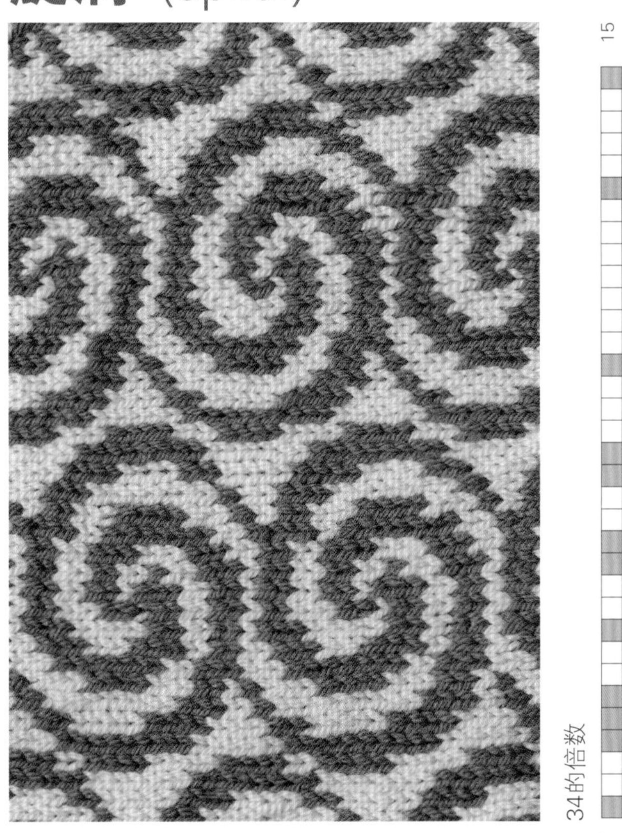

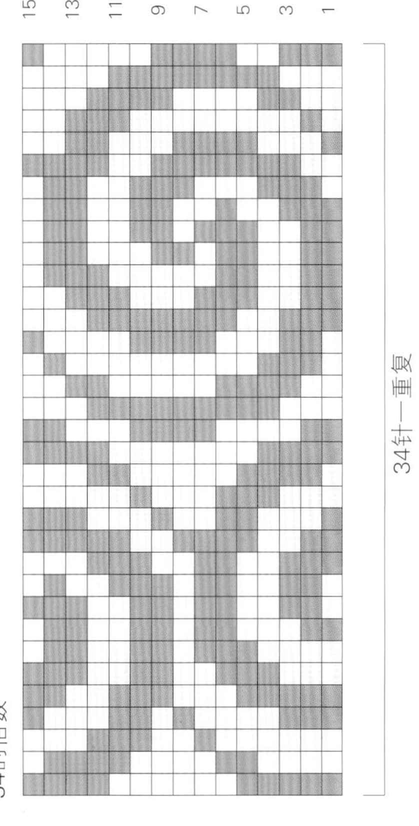

沙丘 (Links)

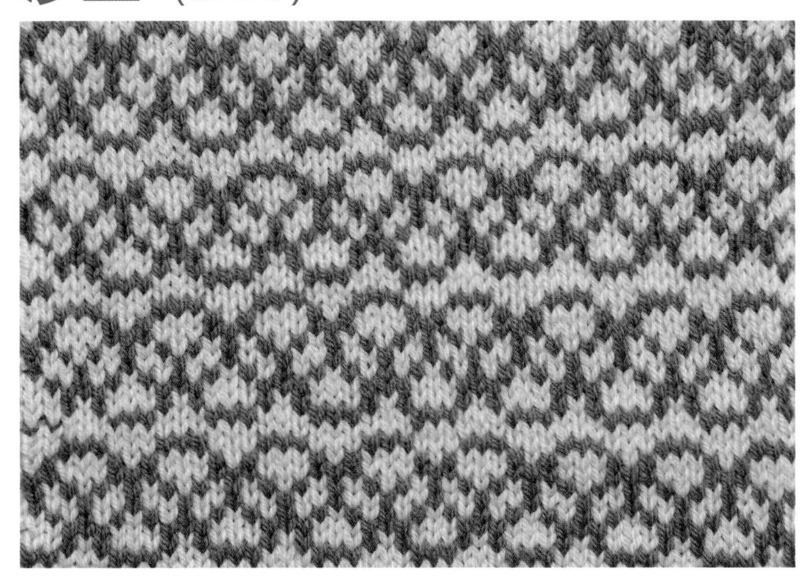

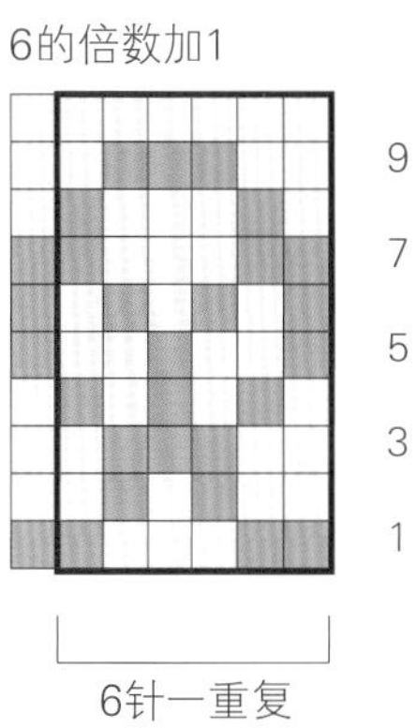

XO (XO)

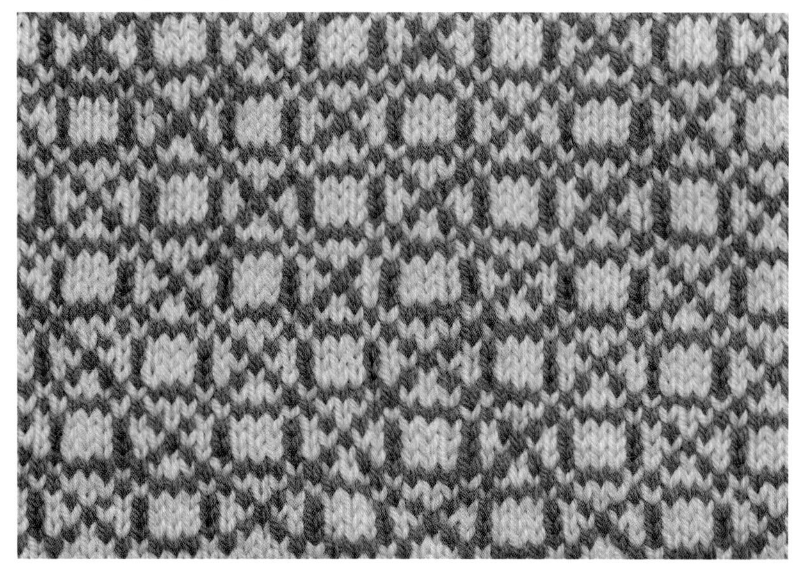

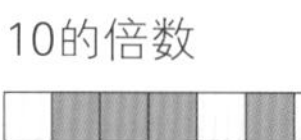

10的倍数

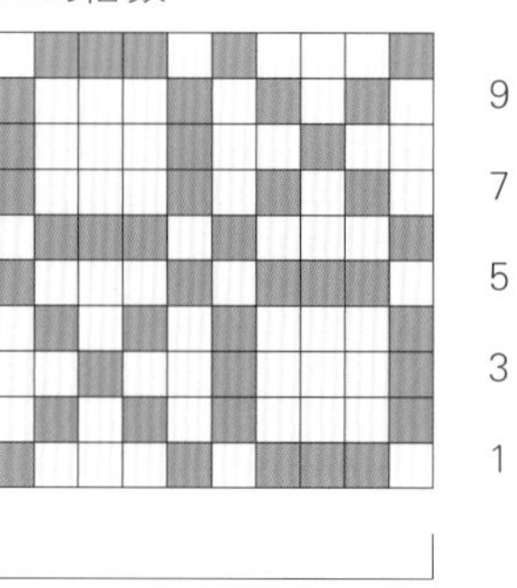

10针一重复

格子 (Grid)

9的倍数加1

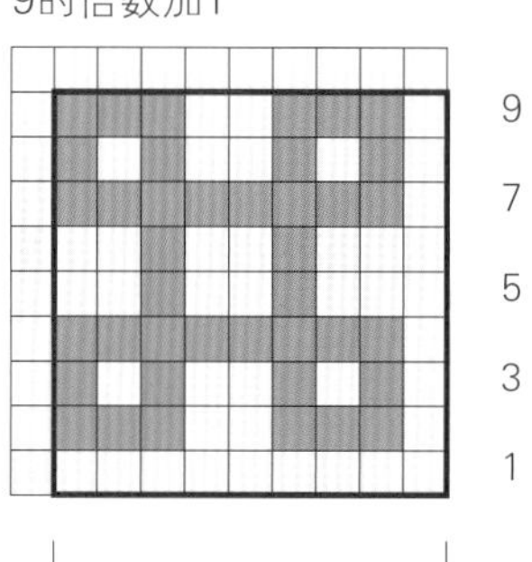

9针一重复

熟铁 (Wrought Iron)

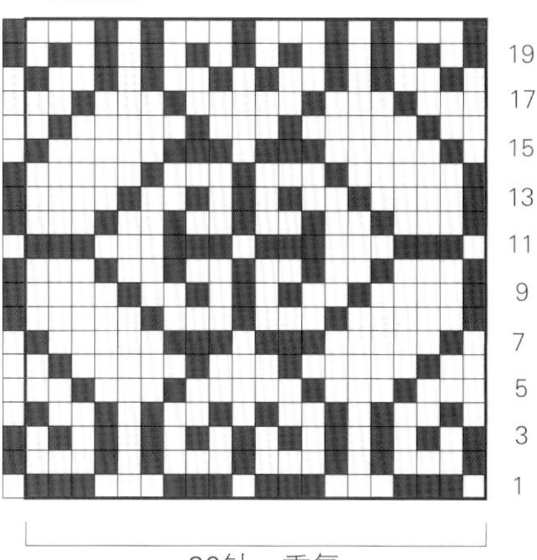

凯尔特 (Celtic)

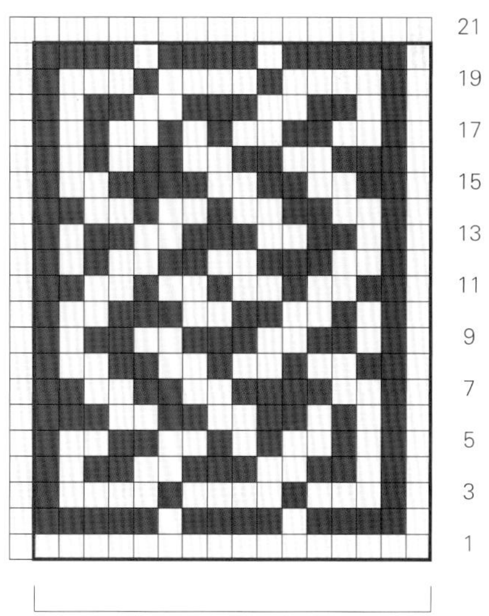

脱氧核糖核酸 (DNA)

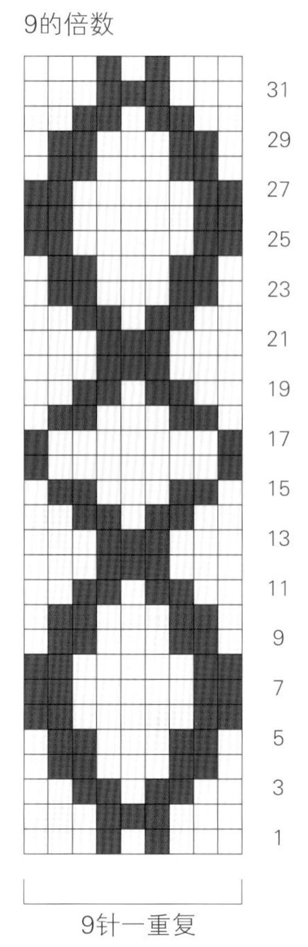

丝带 (Ribbon)

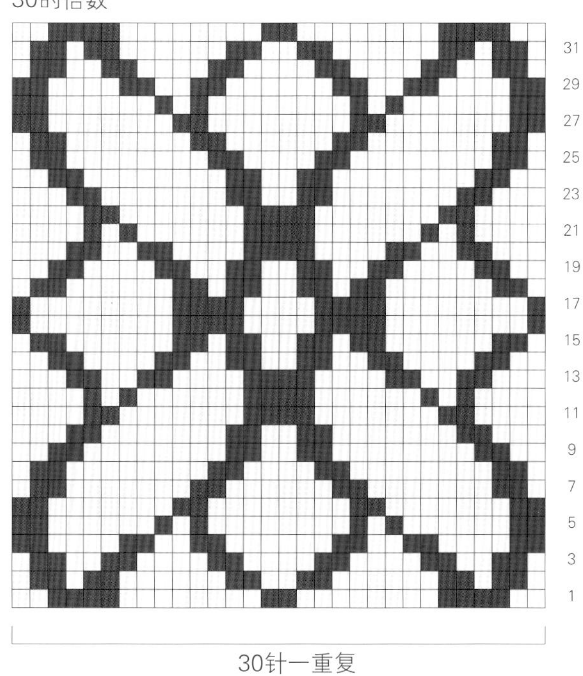

石英 (Quartz)

声波 (Sound)

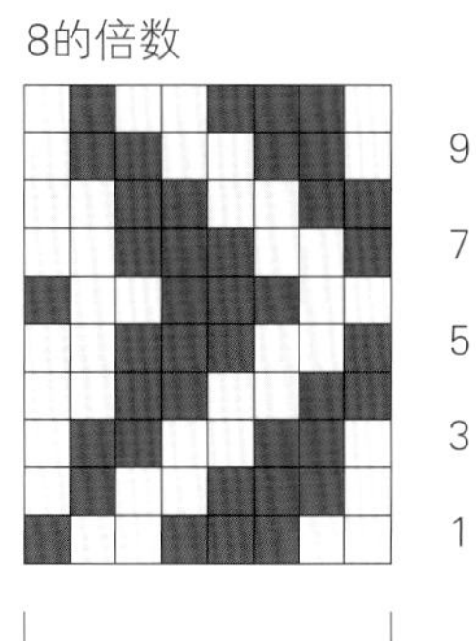

小刀刃 (Small Edge)

10的倍数

5
3
1

10针一重复

分层 (Stratify)

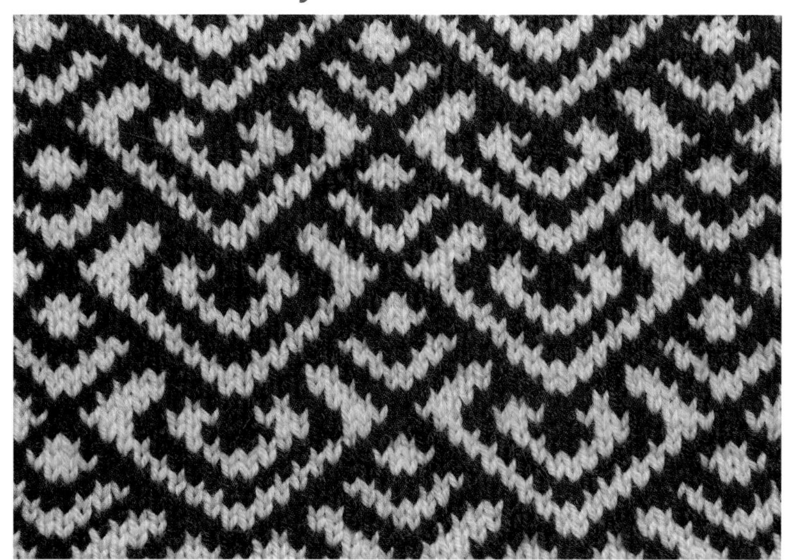

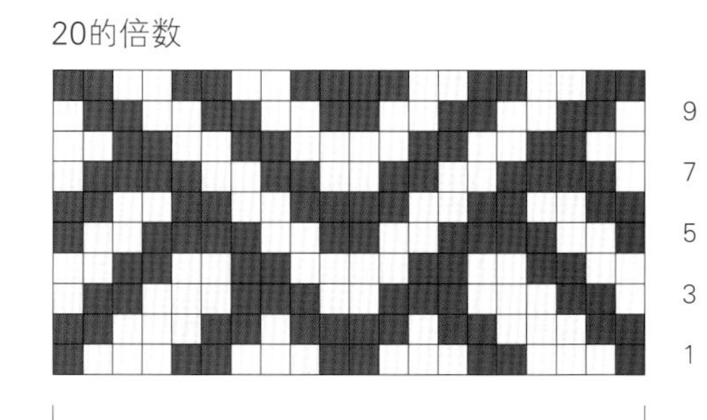

断裂的刀刃 (Broken Edge)

12的倍数加1

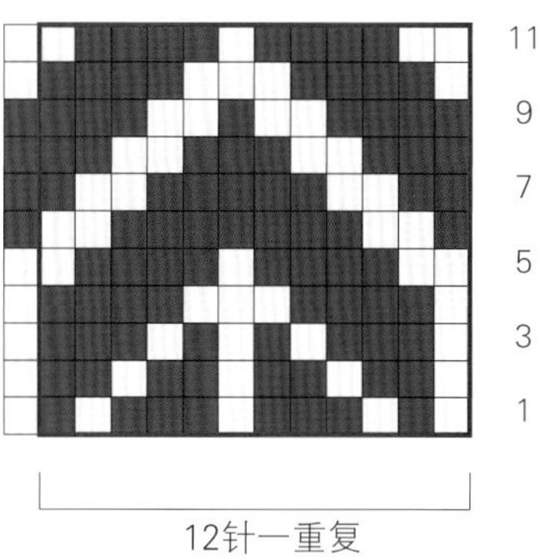

腹甲 (Faulds)

20的倍数

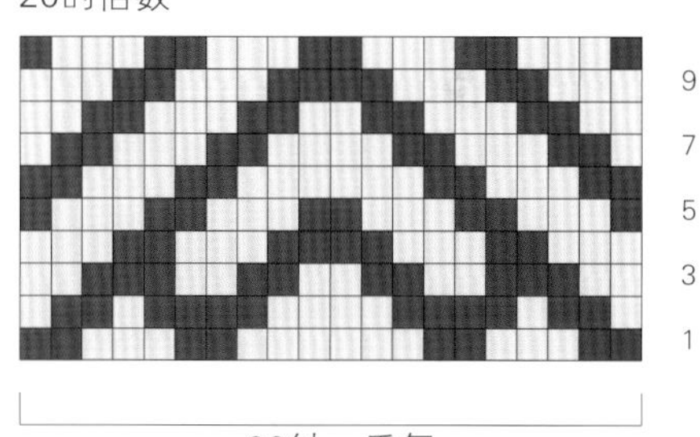

锁住 (Locked In)

14的倍数

9
7
5
3
1

14针一重复

光束 (Beam)

20的倍数

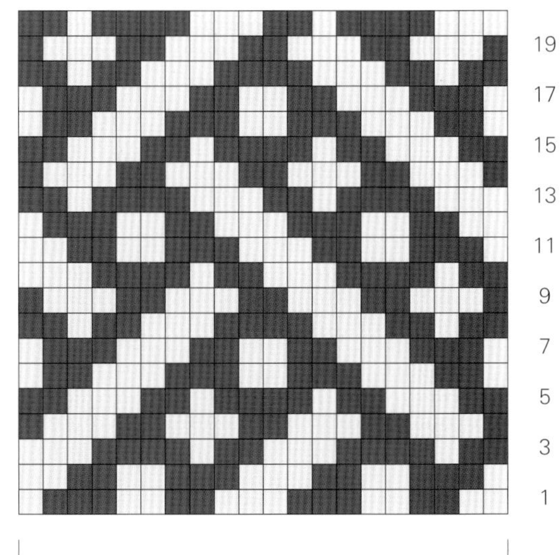

20针一重复

把手 (Grip)

15的倍数

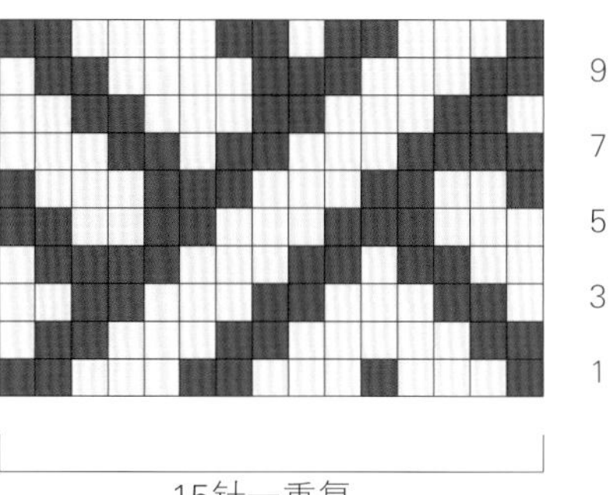

15针一重复

通灵塔 (Ziggurat)

12的倍数加1

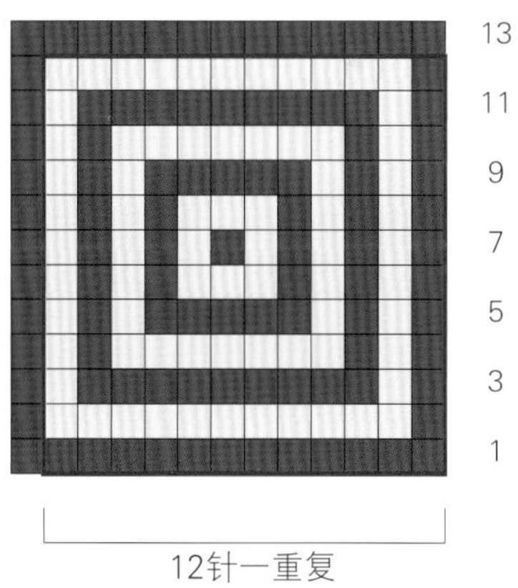

12针一重复

紧凑 (Compact)

11的倍数加1

7
5
3
1

11针一重复

北风 (Boreas)

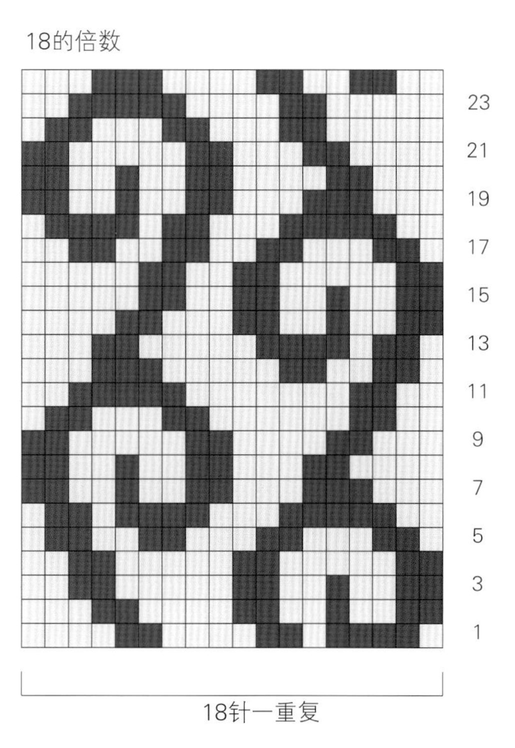

芥末 (Mustard)

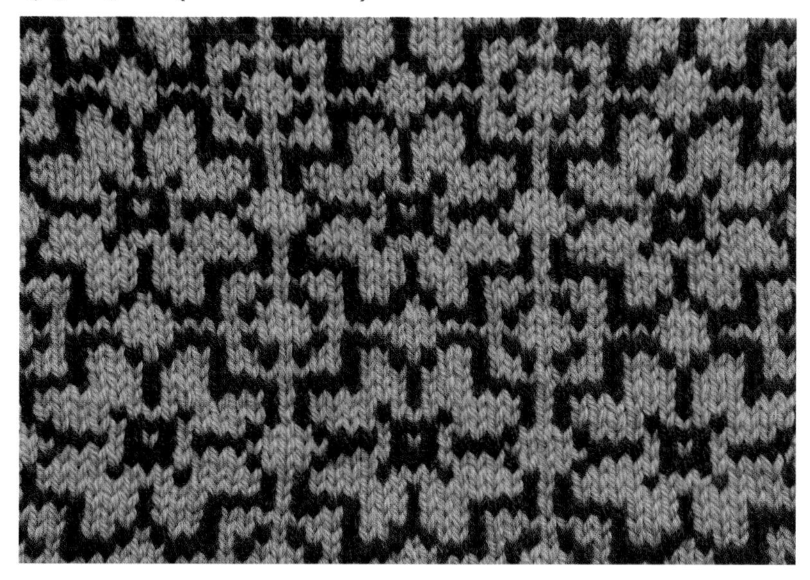

16的倍数加1

17
15
13
11
9
7
5
3
1

16针一重复

断裂的盾牌 (Broken Shield)

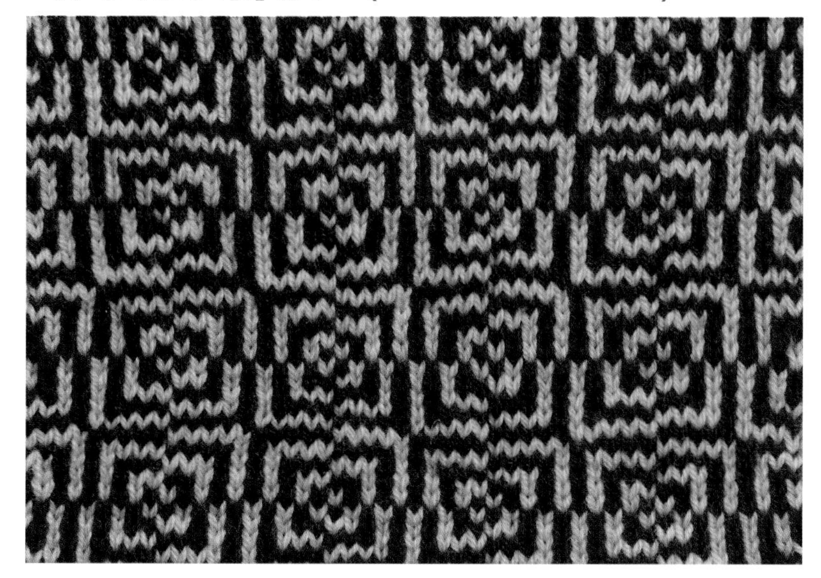

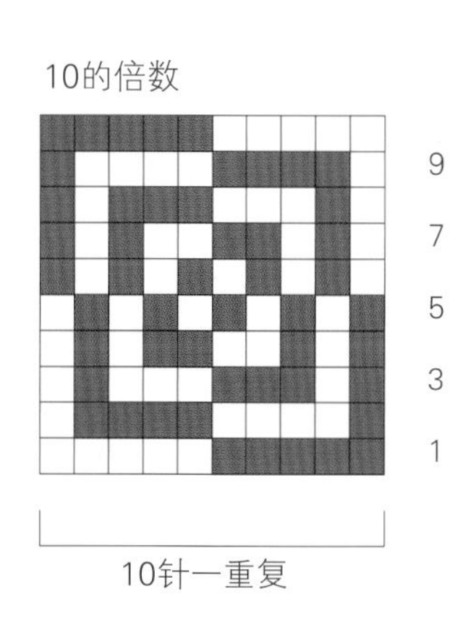

勇士 (Warrior)

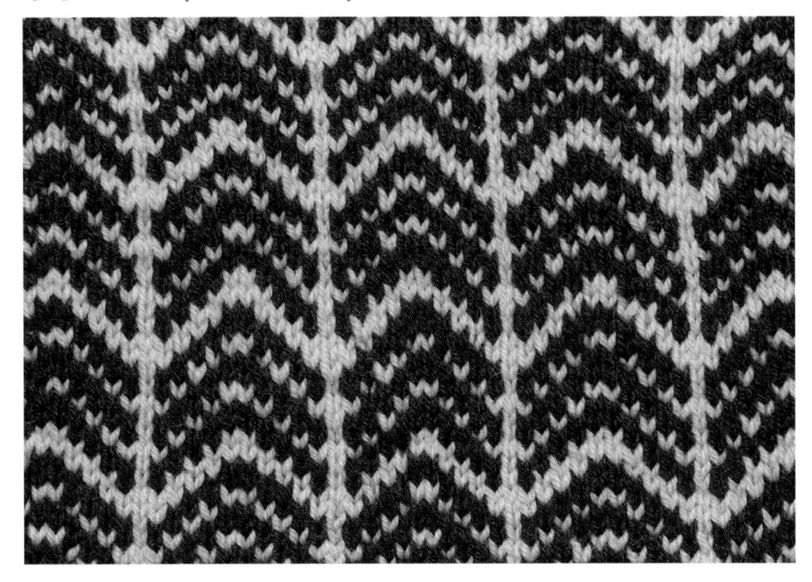

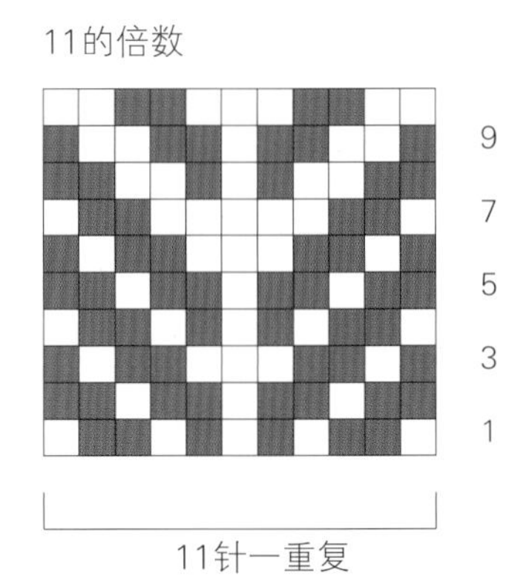

女巫 (The Witch)

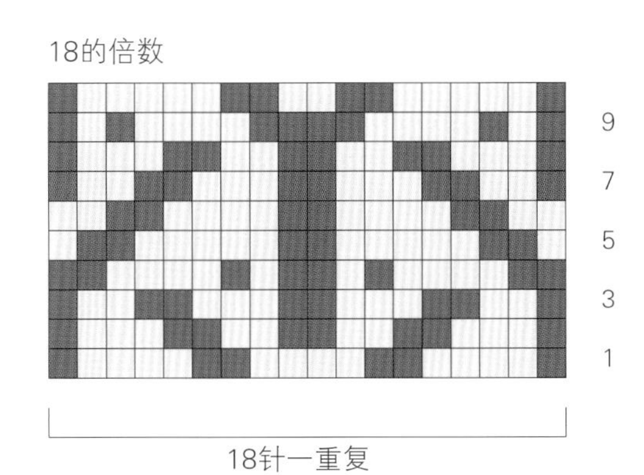

爪痕 (Claw Marks)

18的倍数

11
9
7
5
3
1

18针一重复

搭扣 (Buckle)

10的倍数

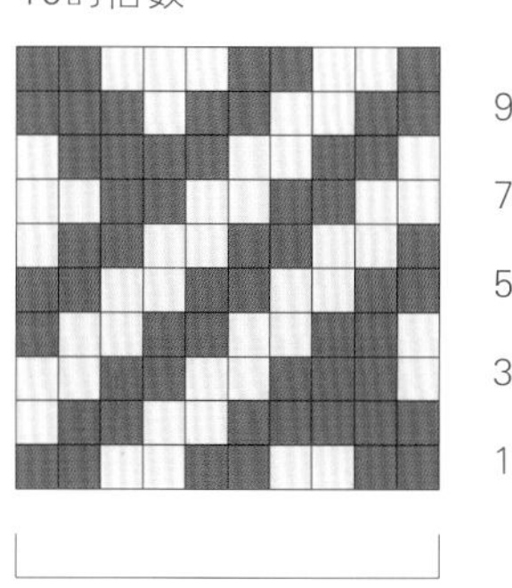

10针一重复

都铎老屋 (Tudor House)

28的倍数

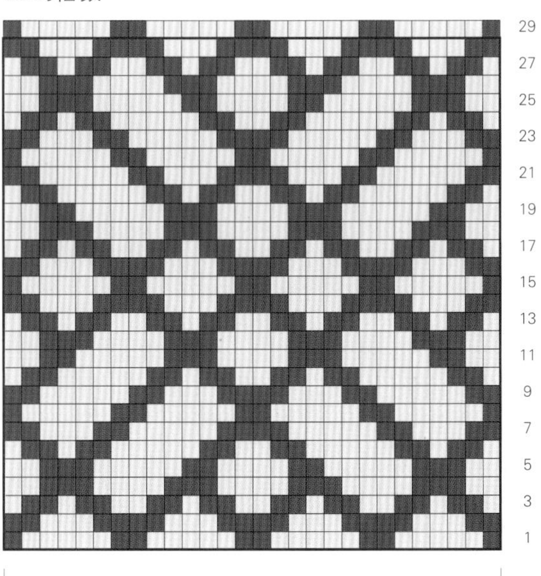

阴影 (Shadow)

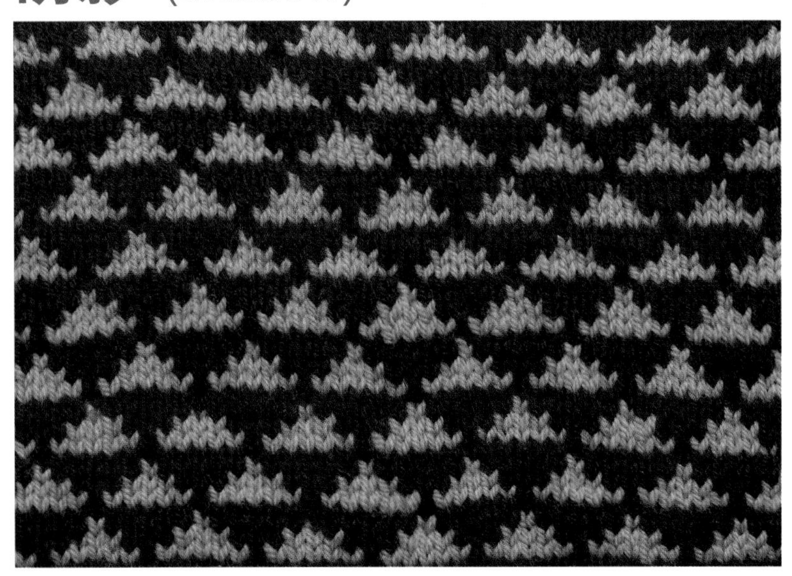

6的倍数加1

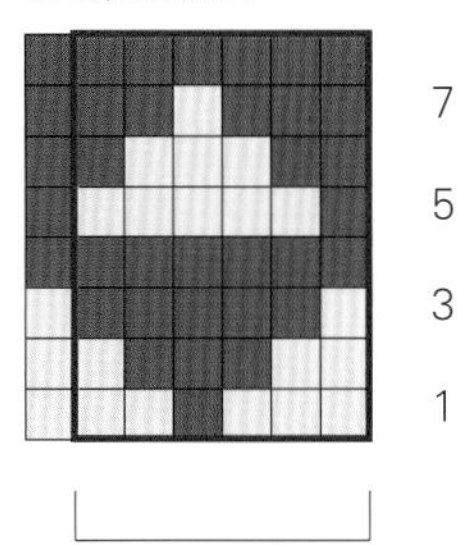

酥饼 (Shortbread)

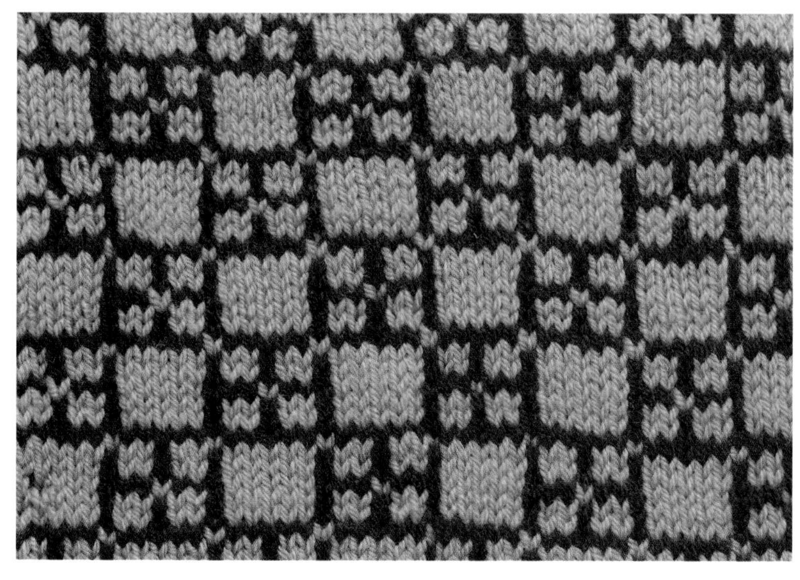

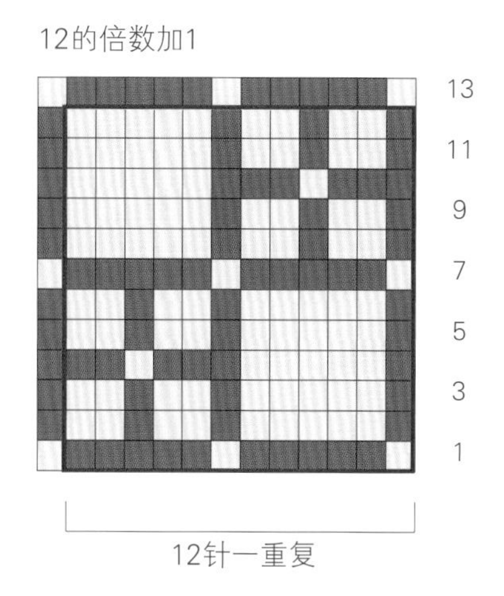

半径 (Radius)

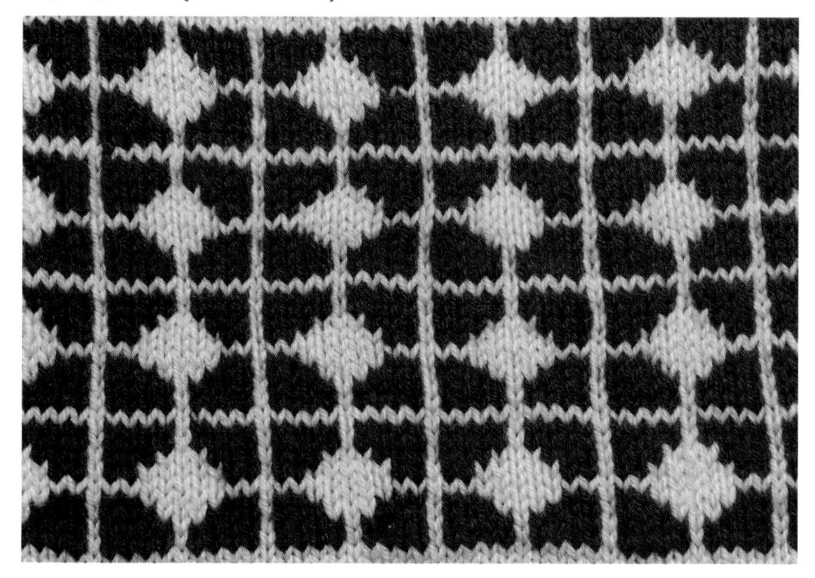

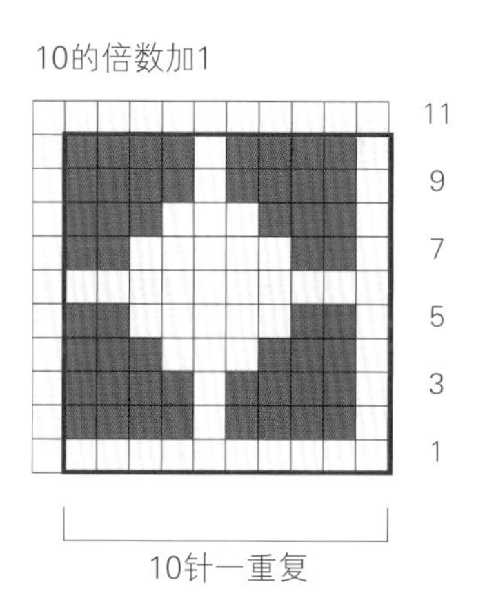

鱼鳞 (Scales)

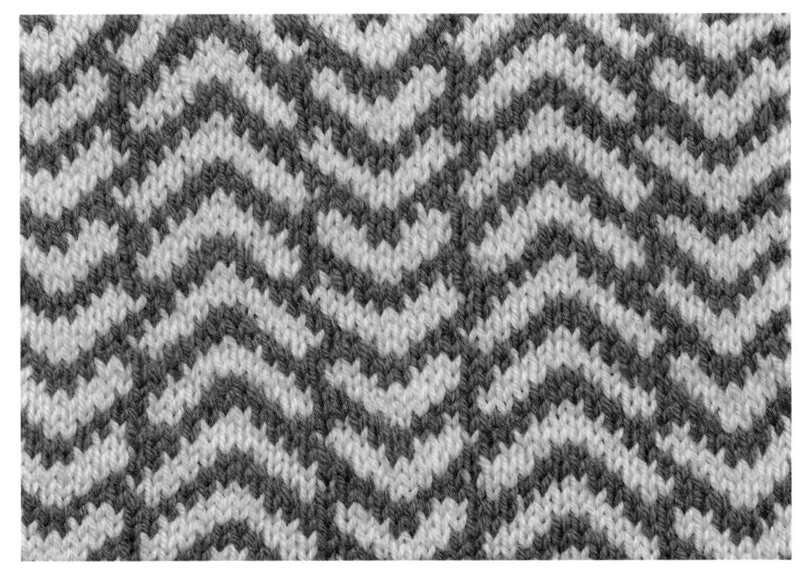

20的倍数

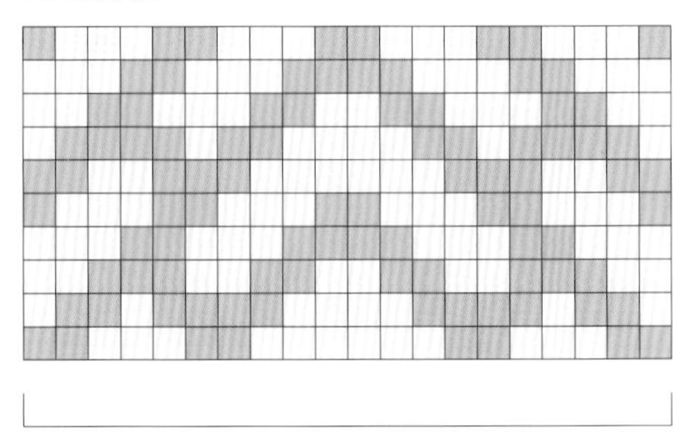

20针一重复

旅行者的喜悦 (Traveller’s Joy)

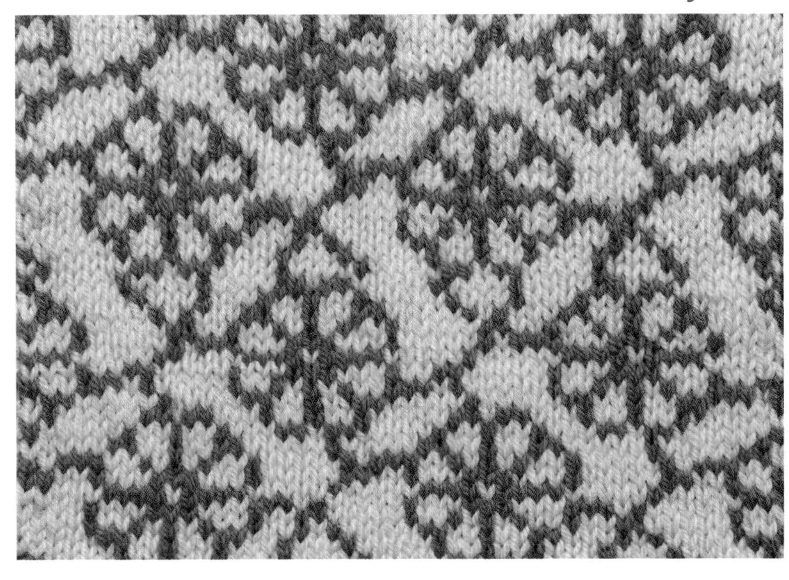

20的倍数

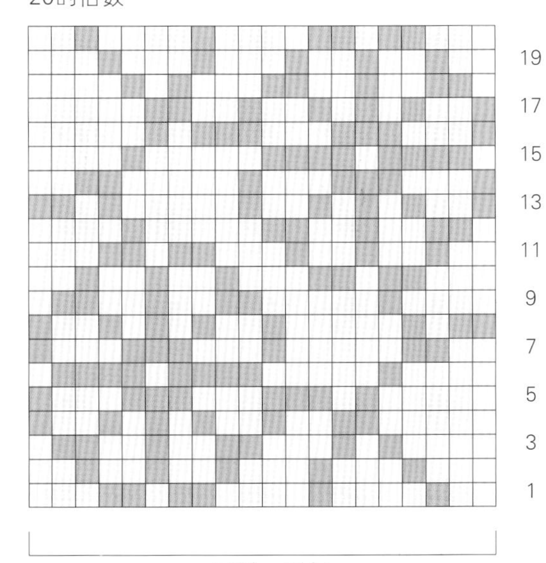

20针一重复

龙脊 (Spine of the Dragon)

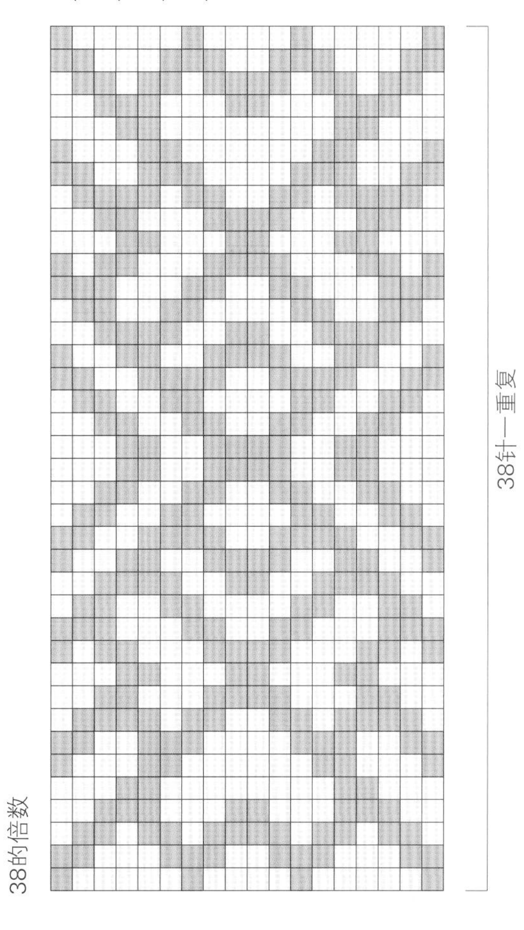

织物 (Weave)

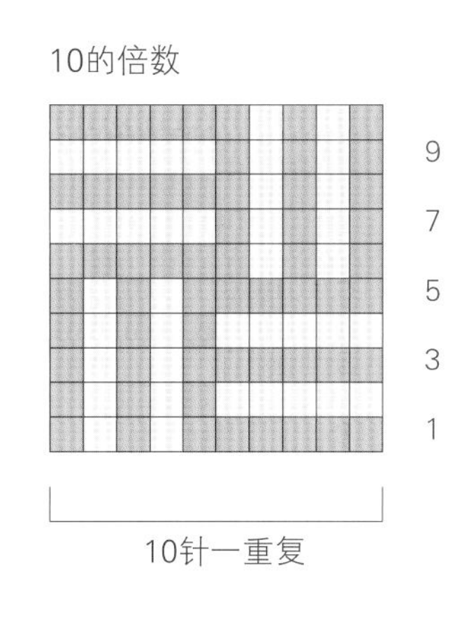

匍匐 (Creeping)

20的倍数加1

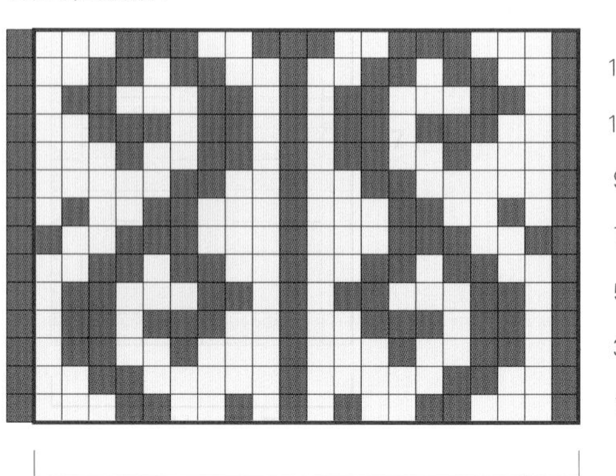

20针一重复

14的倍数加1

树叶 (Leaves)

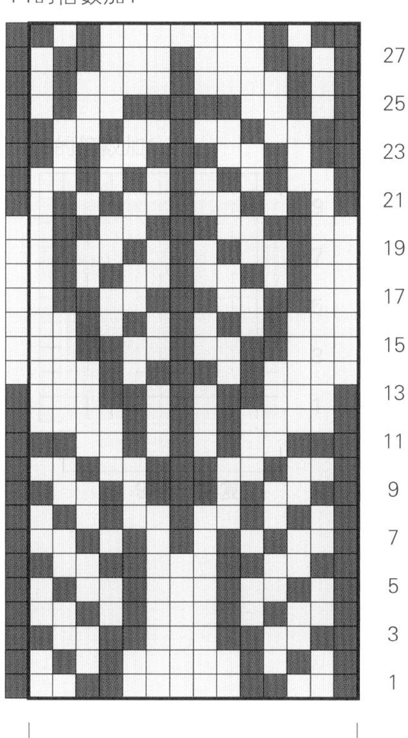

14针一重复

外星人 (Aliens)

12的倍数

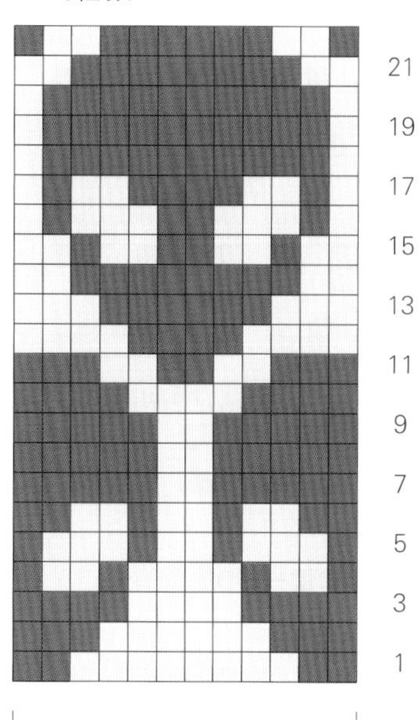

12针一重复

蜜蜂 (Bees)

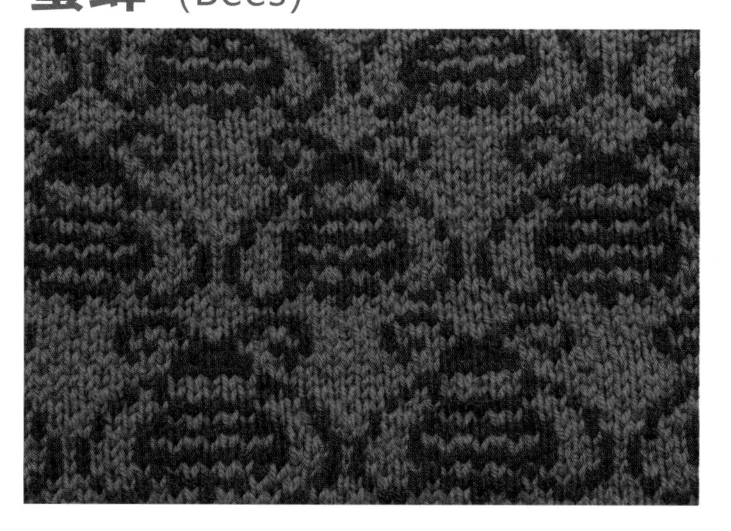

18的倍数加1

18针一重复

猴子 (Monkey)

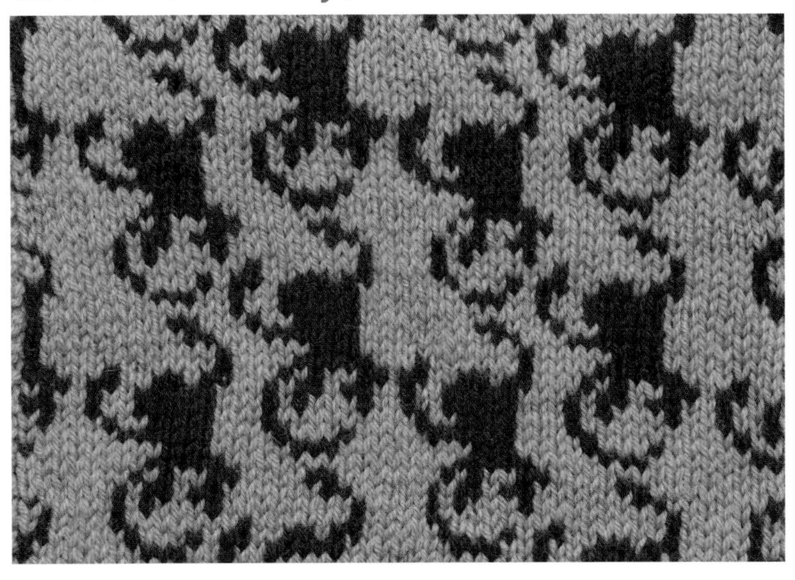

20的倍数加1

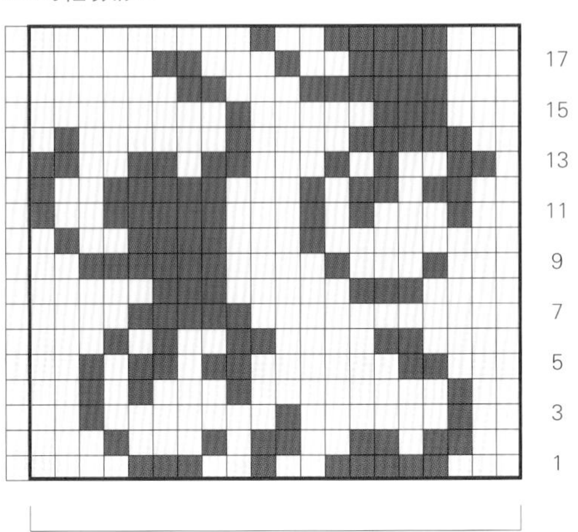

20针一重复

驯鹿 (Caribou)

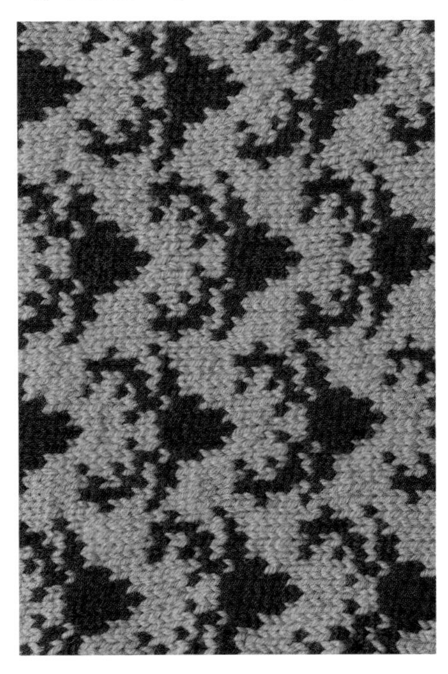

13 11 9 7 5 3 1

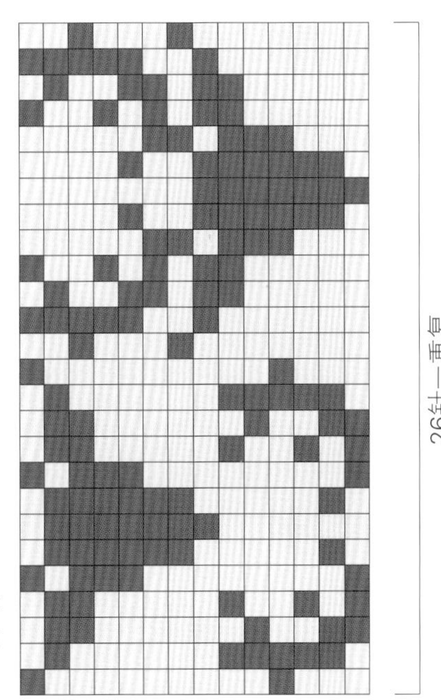

26针一重复

26的倍数

手 (Hands)

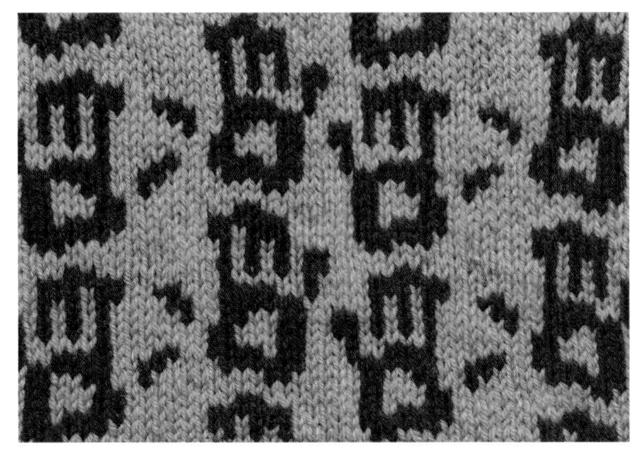

松鼠 (Squirrel)

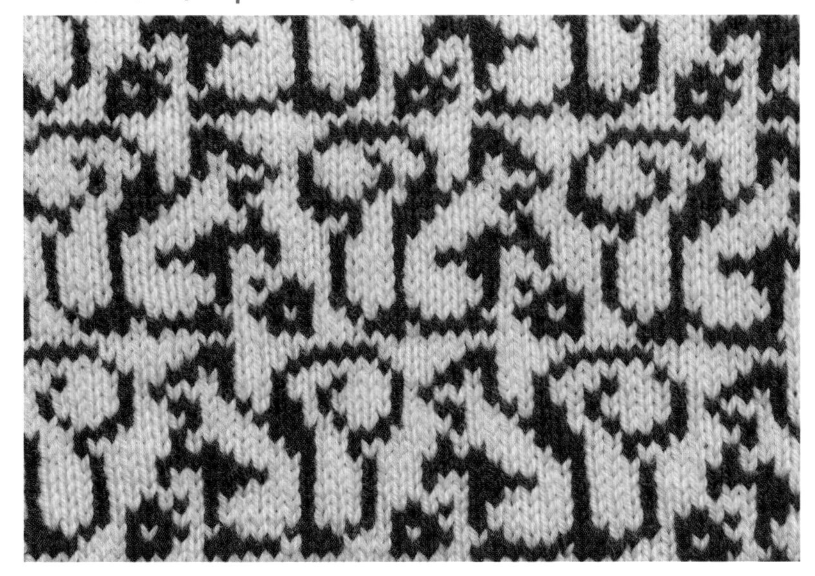

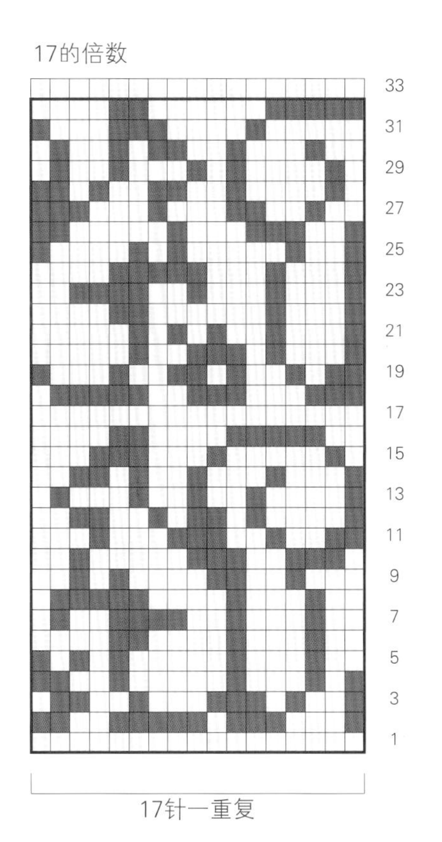

熊 (Bear)

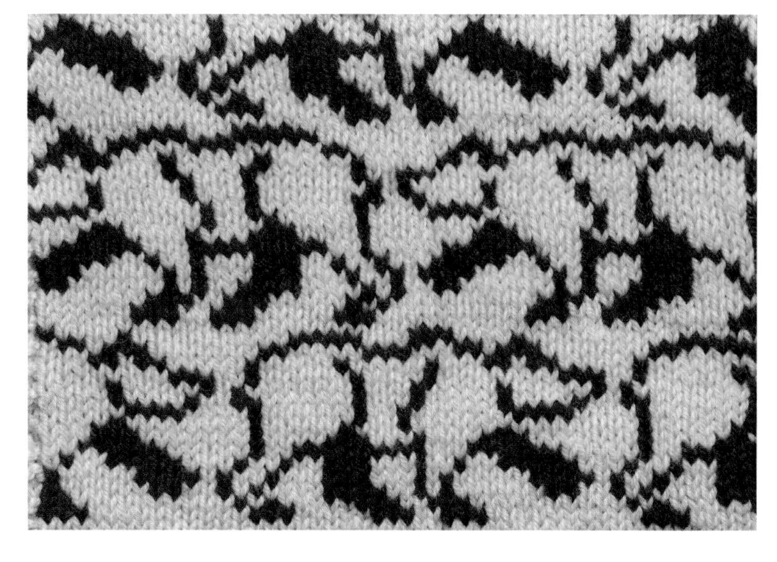

26的倍数

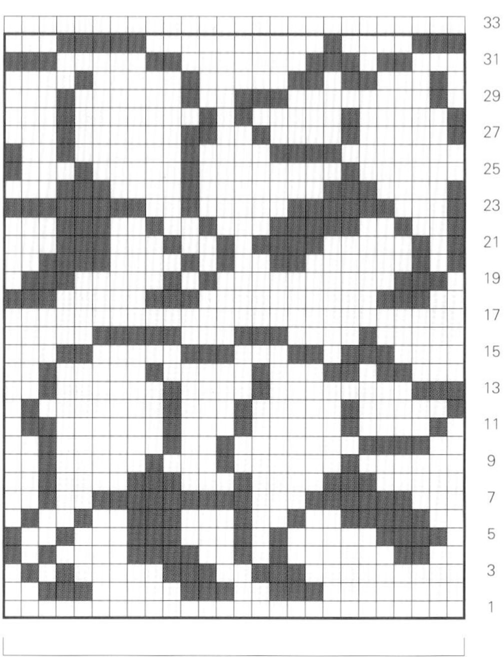

26针一重复

狗 (Dog)

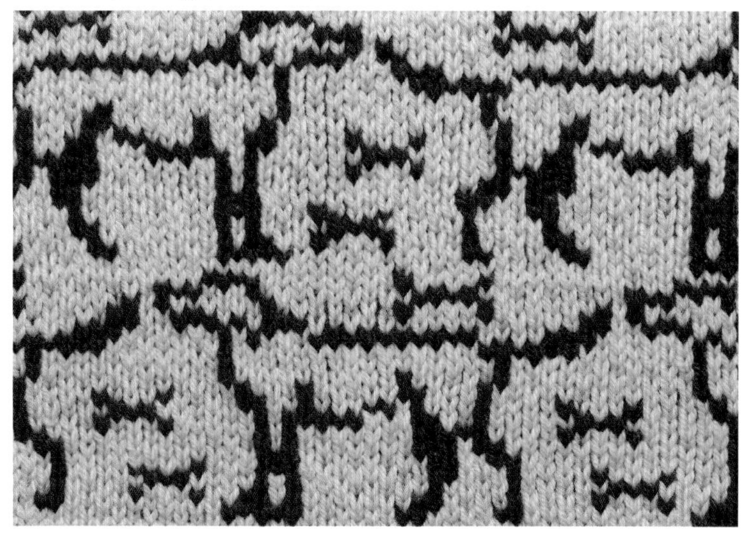

29的倍数

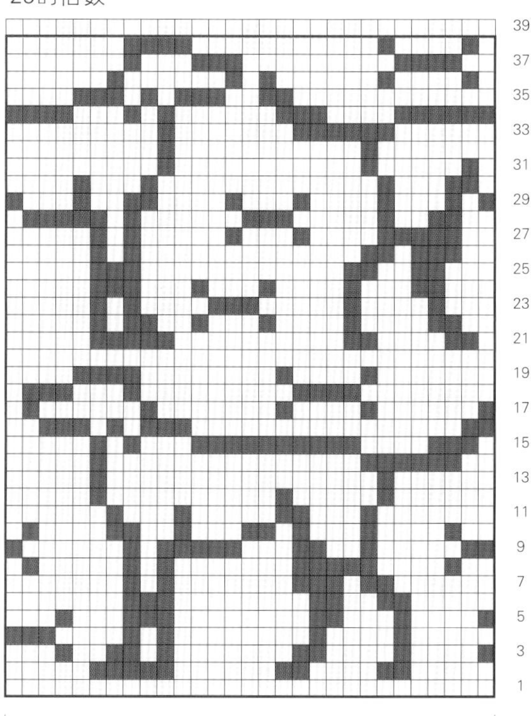

29针一重复

小狗 (Puppy)

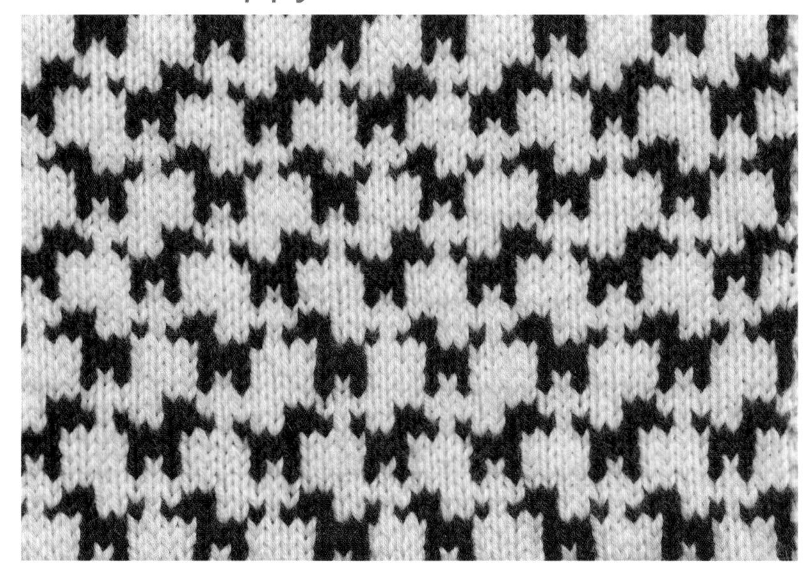

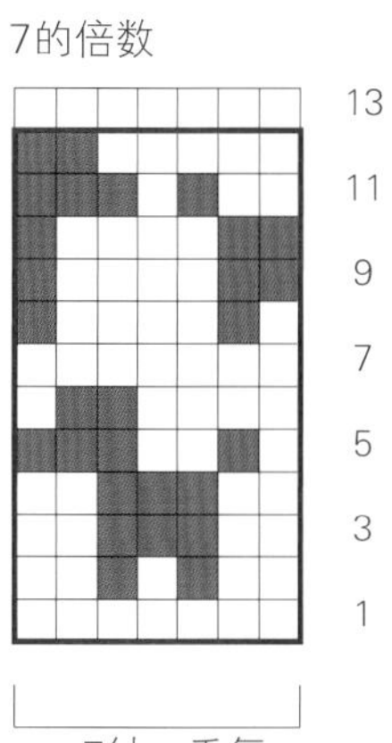

青蛙 (Frog)

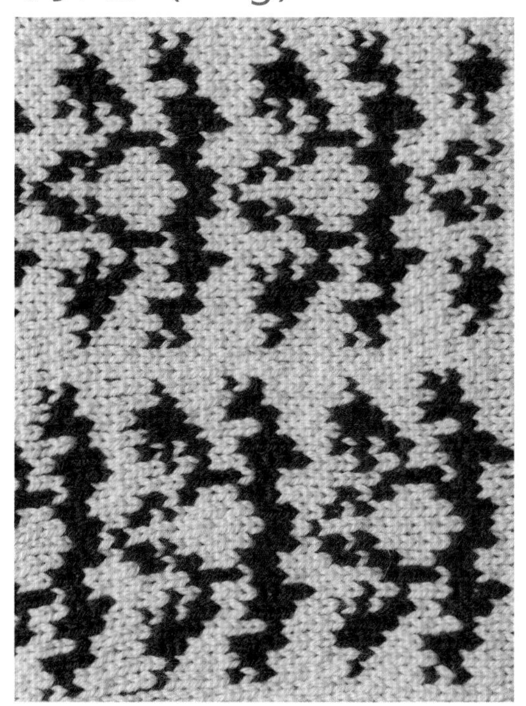

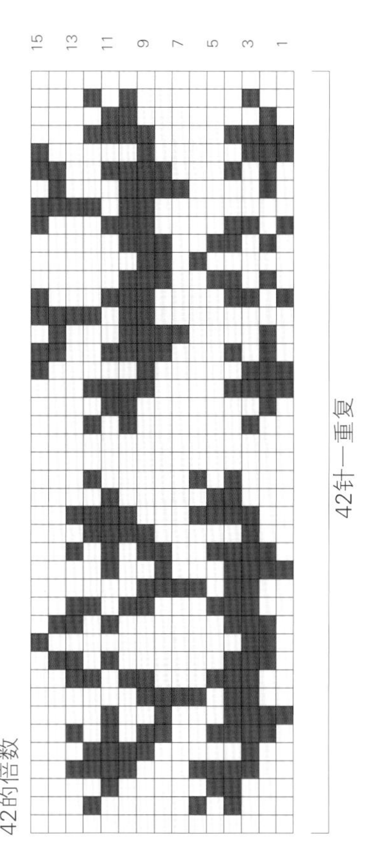

索诺拉 (Sonora)

15的倍数

19
17
15
13
11
9
7
5
3
1

15针一重复

锚 (Anchors)

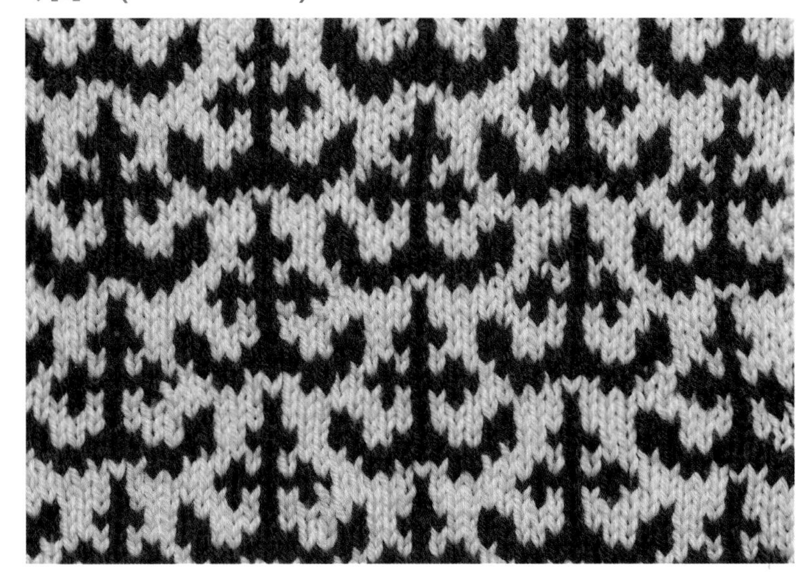

18的倍数

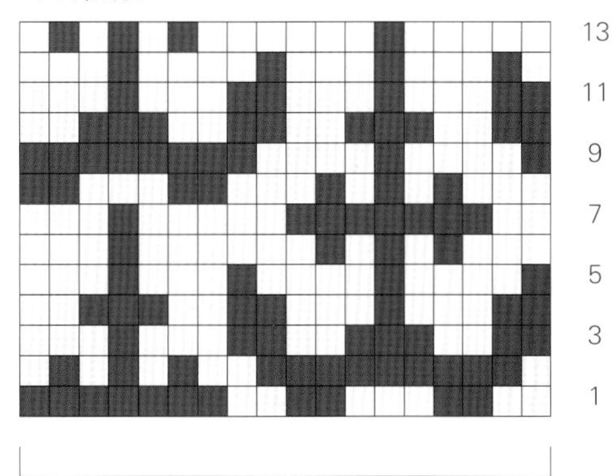

18针一重复

蜘蛛 (Spiders)

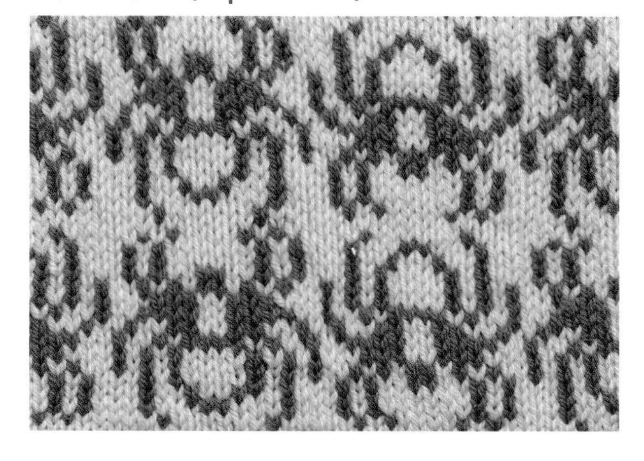

28的倍数

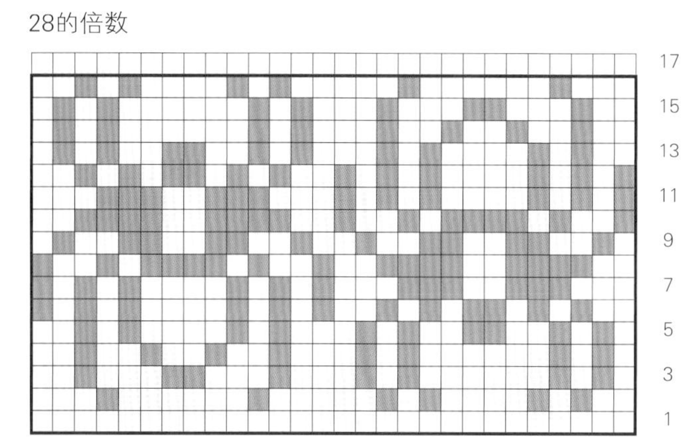

28针一重复

爪子 (Paws)

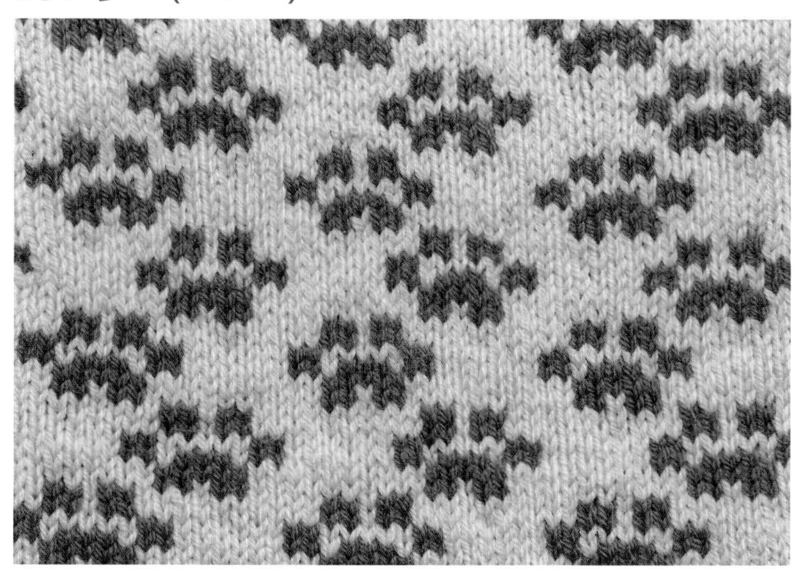

15的倍数

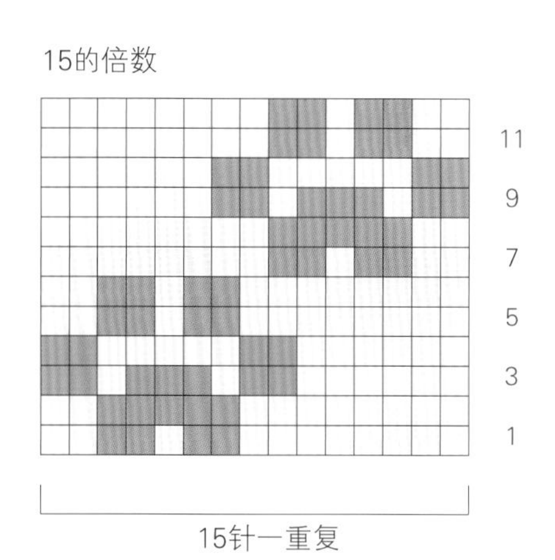

15针一重复

海盗旗 (Jolly Roger)

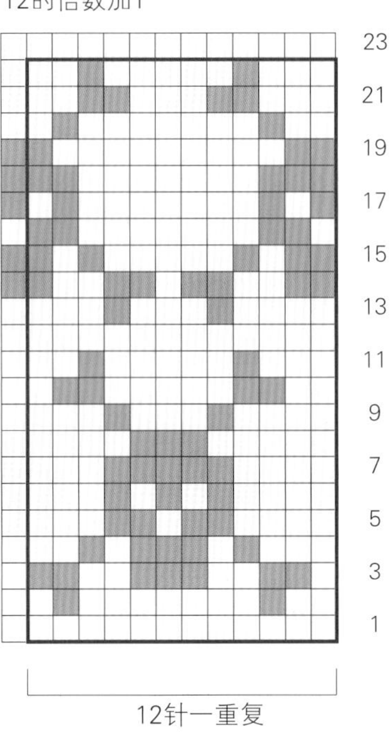

猫 (Cat)

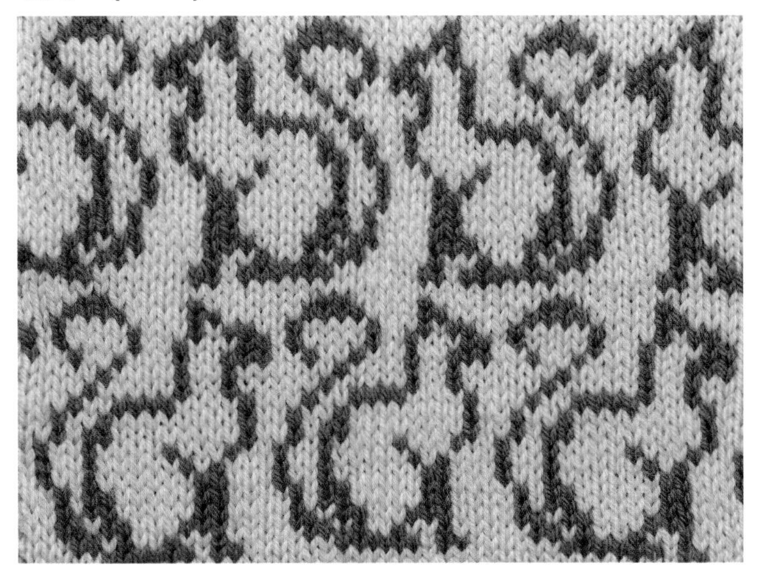

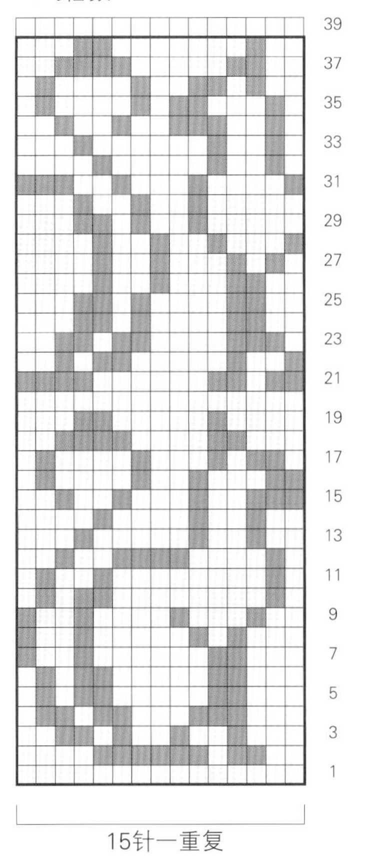

大象 (Elephants)

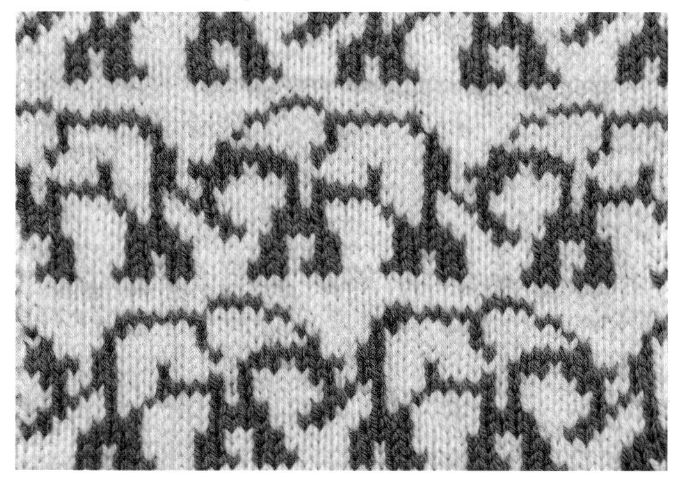

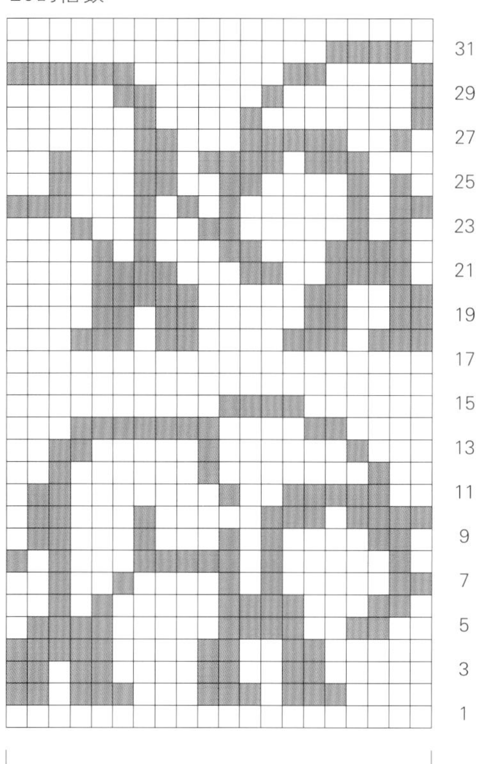

母羊盯着我？(Ewe Looking at me?)

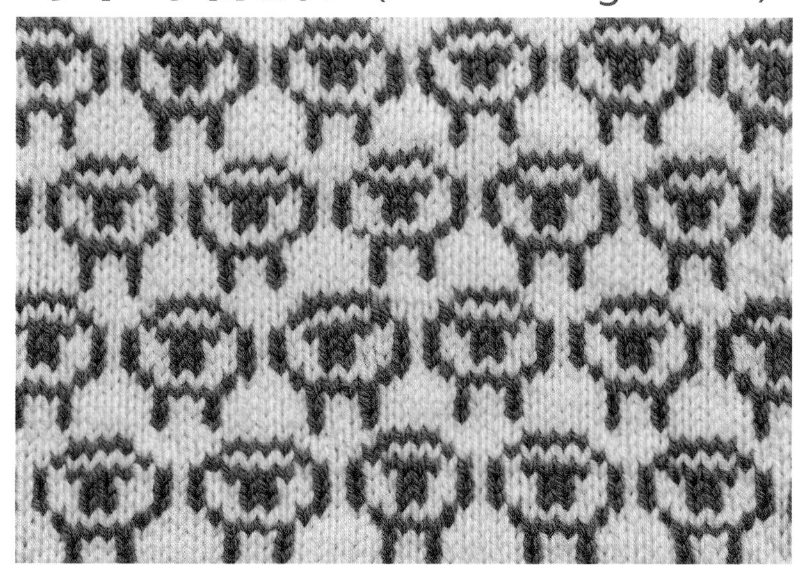

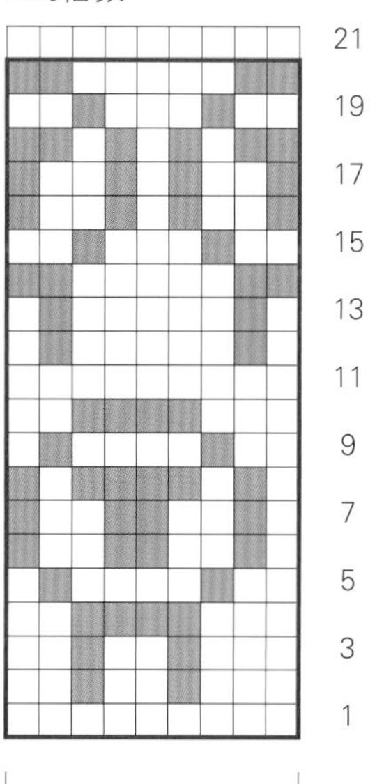

猫头鹰 (Hoot)

18的倍数

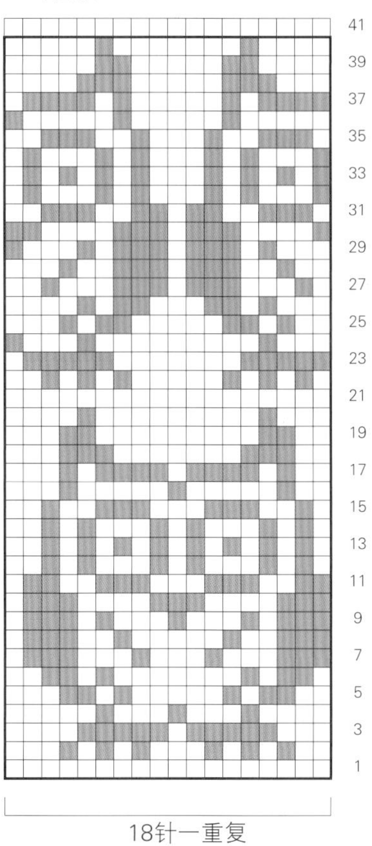

18针一重复

机器人 (Robots)

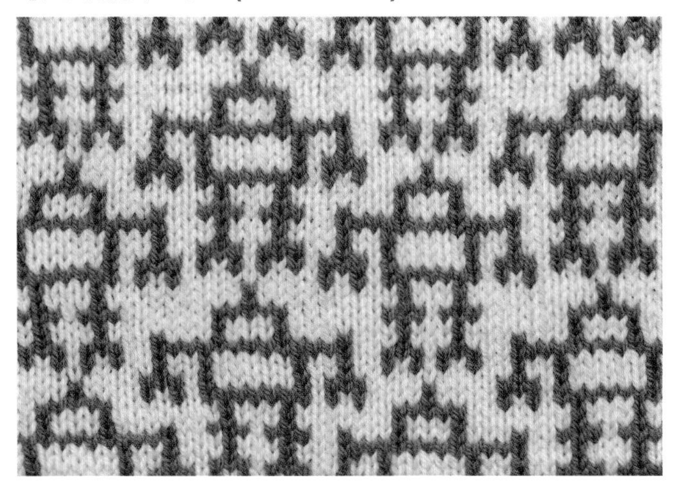

24的倍数

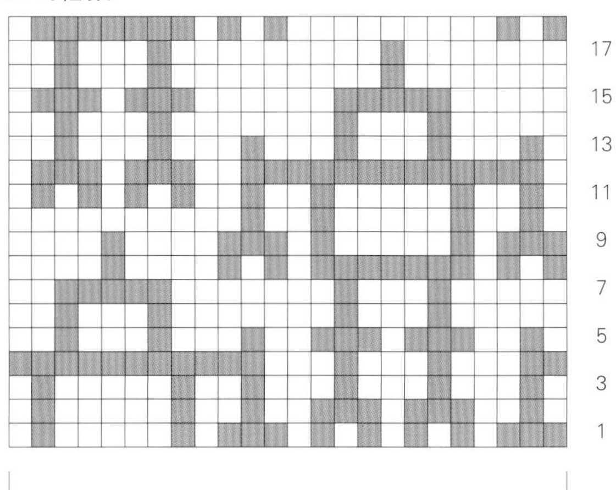

24针一重复

蒙面强盗 (Masked Bandit)

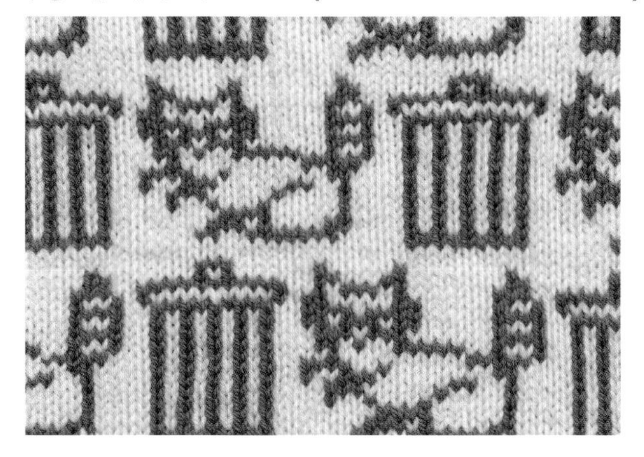

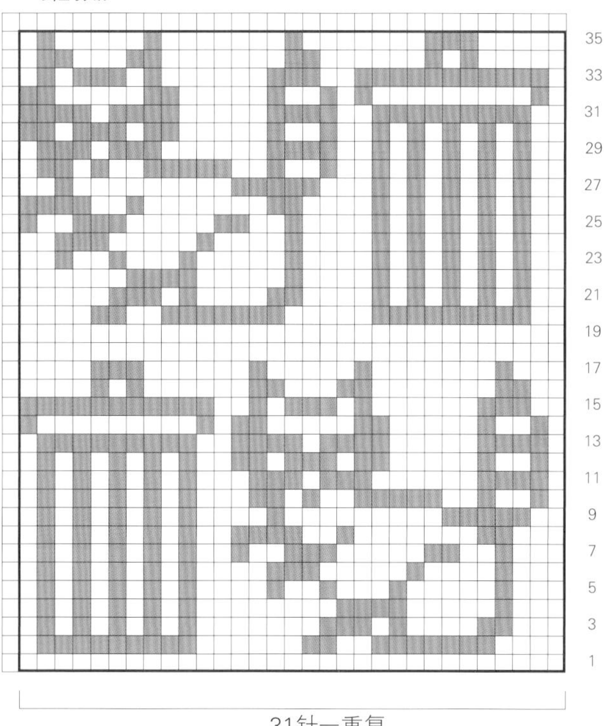

蛋糕或死亡 (Cake or Death)

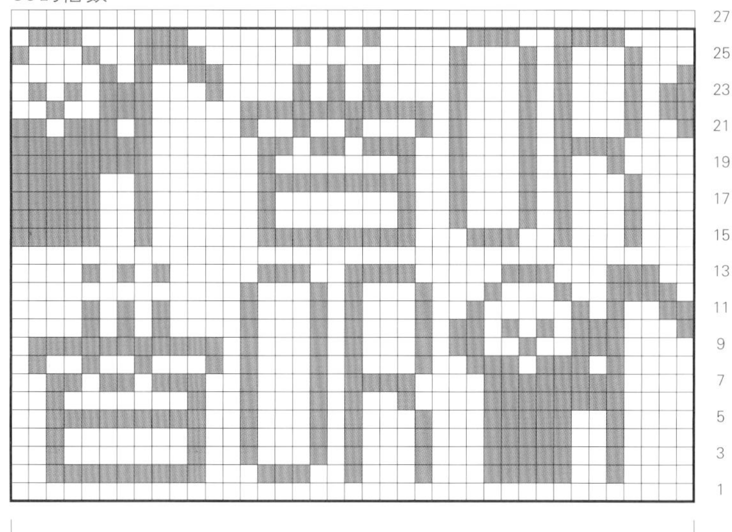

僵尸！ (Brains!)

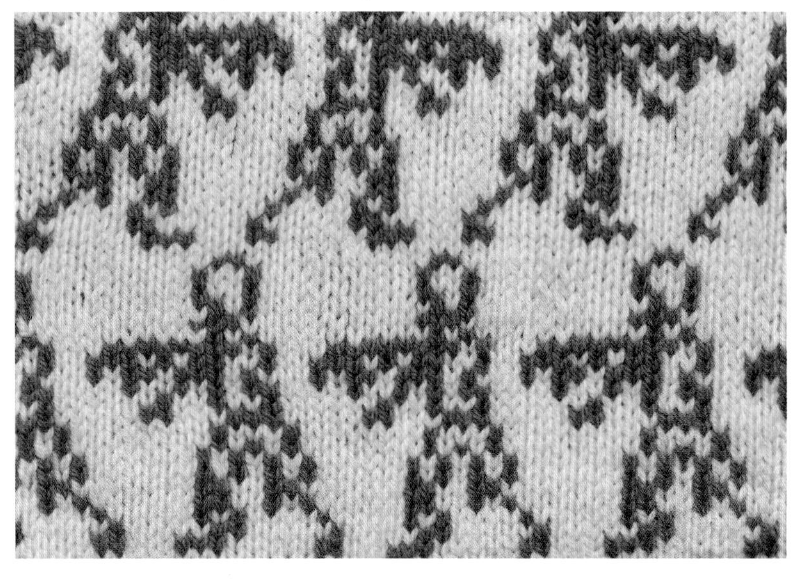

13的倍数

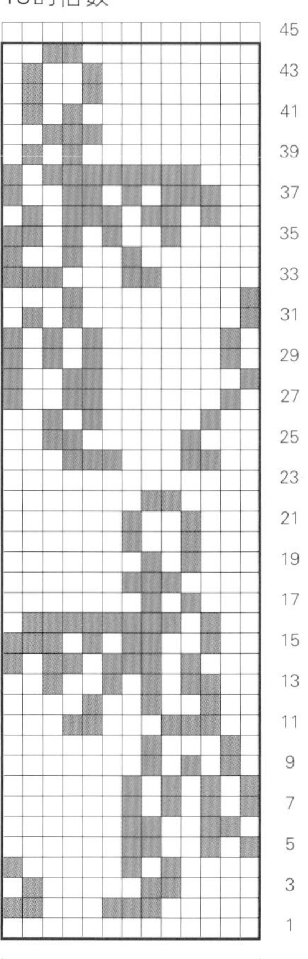

13针一重复

金龟子 (Scarab)

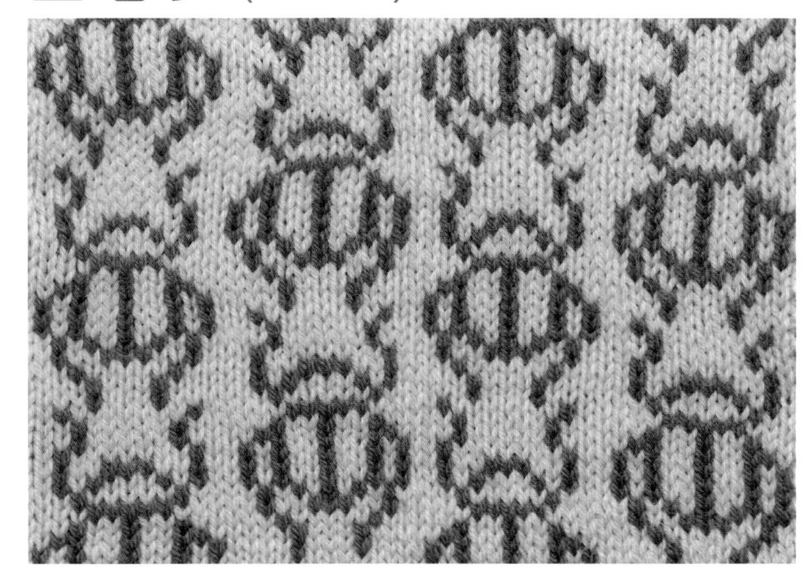

24的倍数

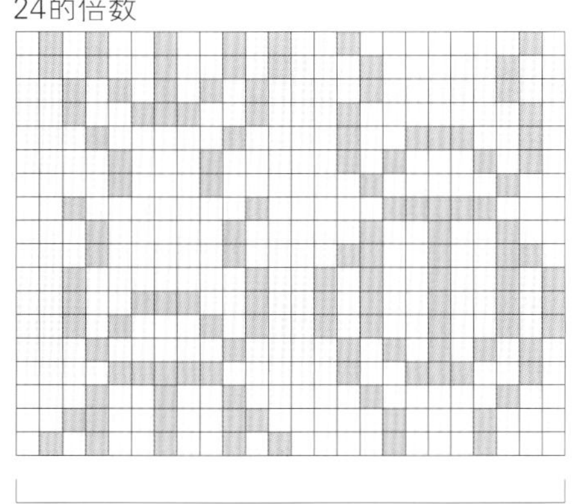

24针一重复

鹤 (Crane)

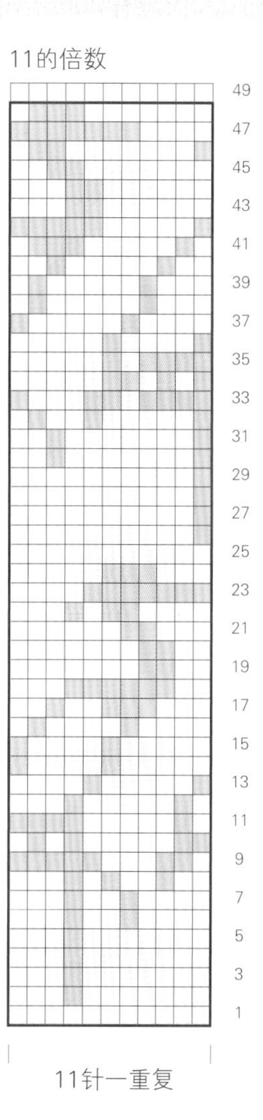

壁虎 (Gecko)

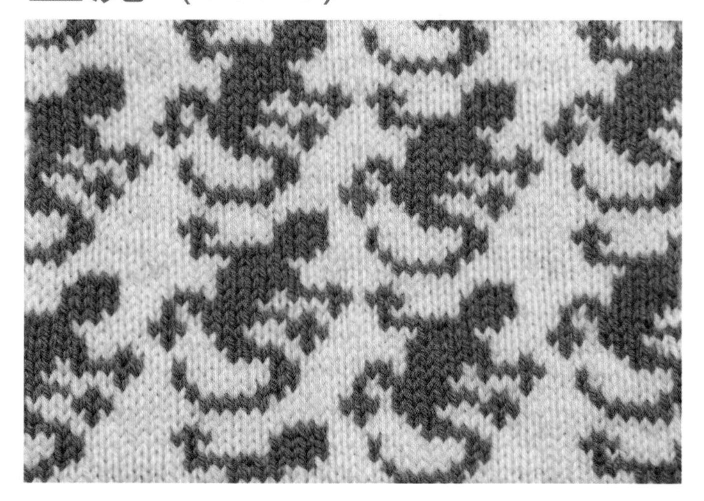

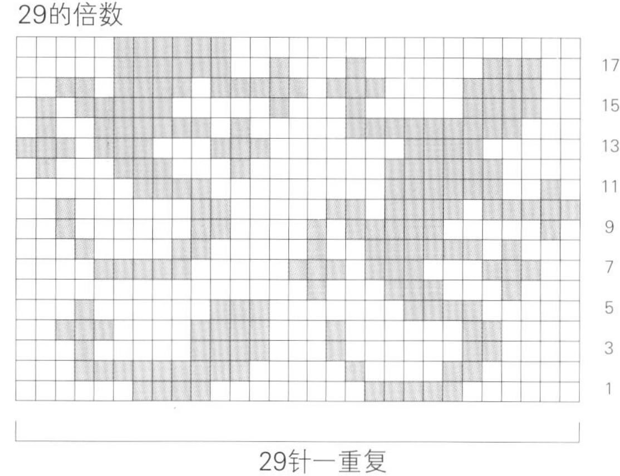

水滴 (Drops)

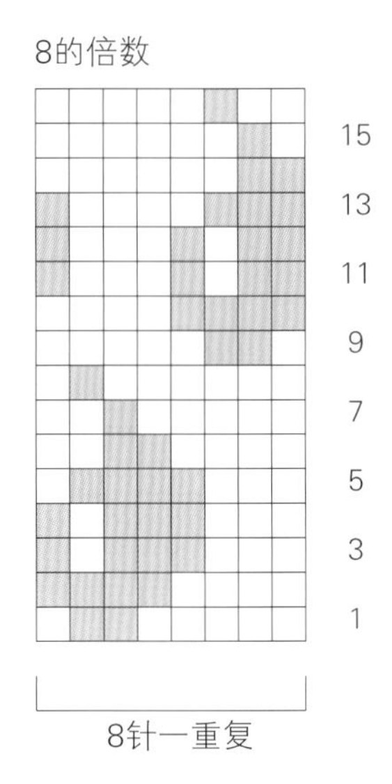

喵 (Meow)

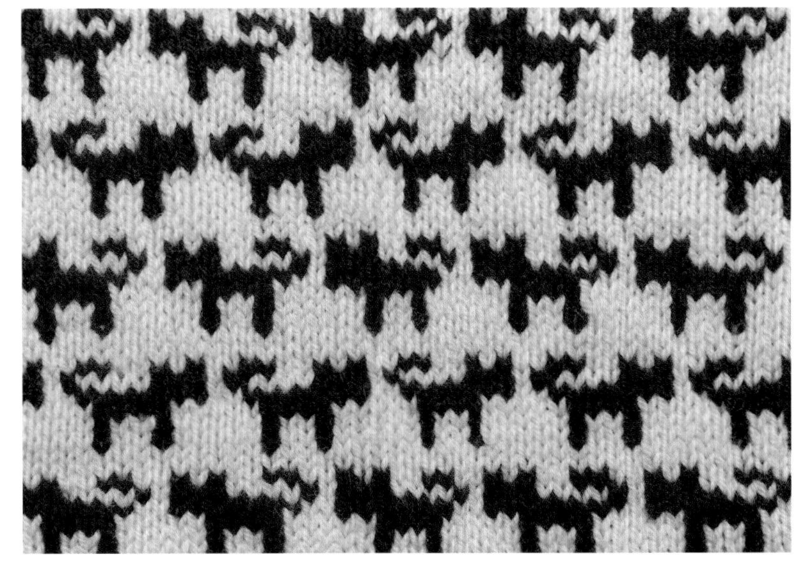

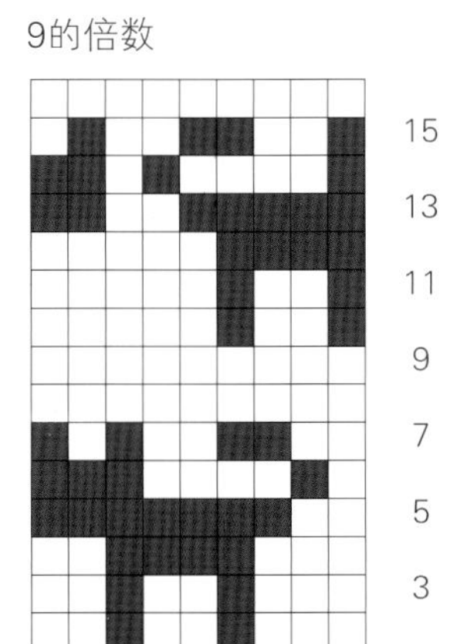

数羊 (Counting Sheep)

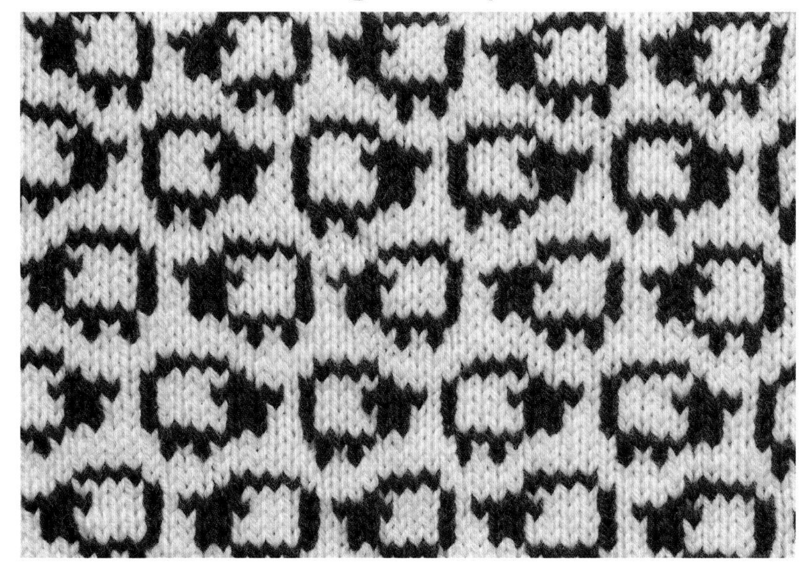

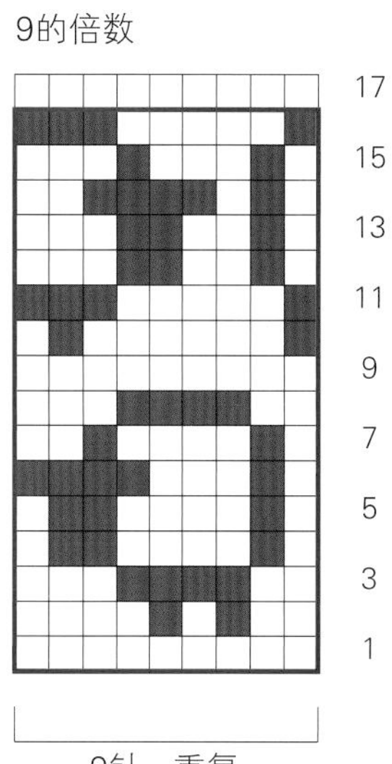

小自行车 (Little Bike)

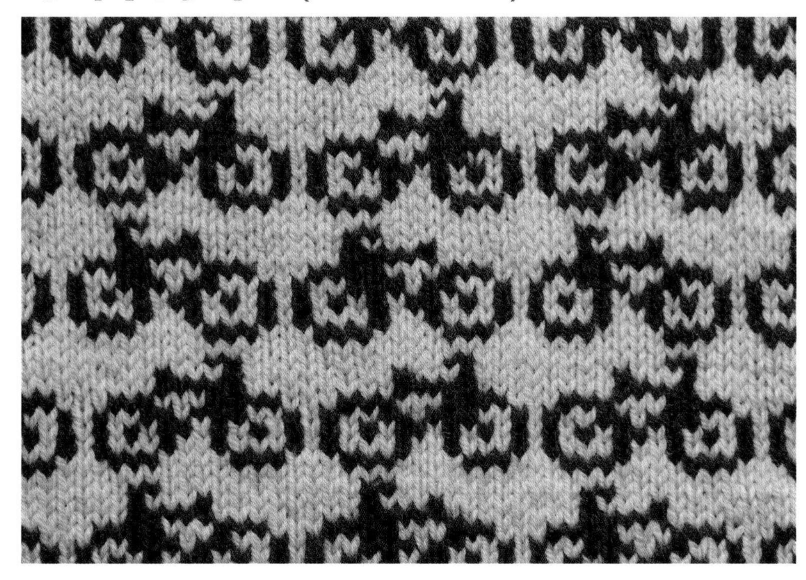

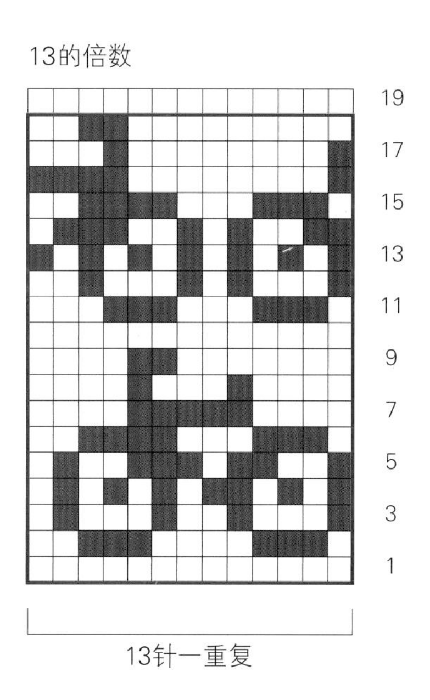

八爪鱼 (Octopus)

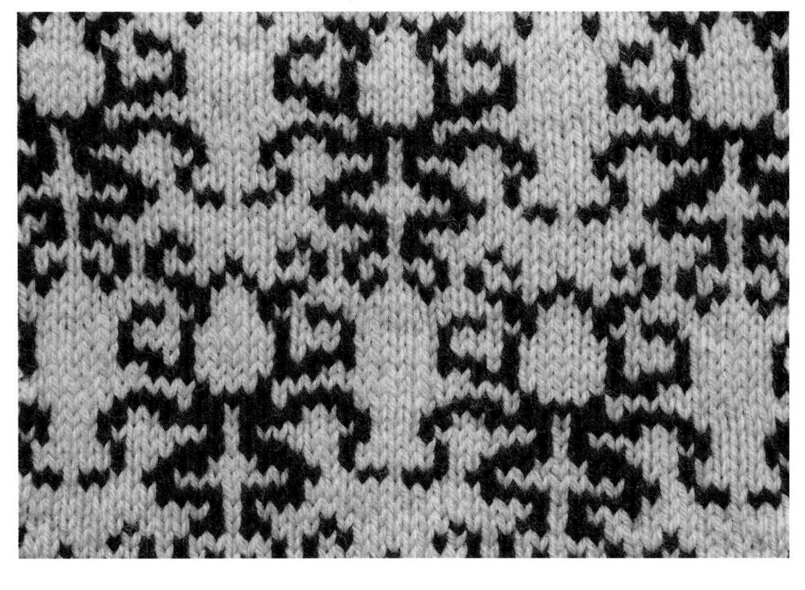

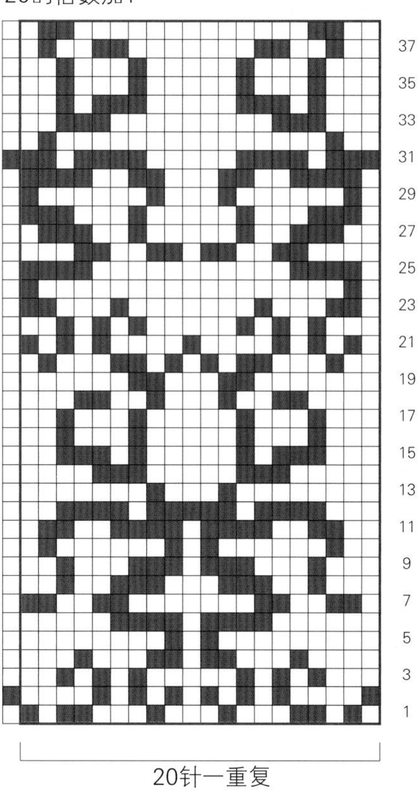

海龟 (Sea Turtle)

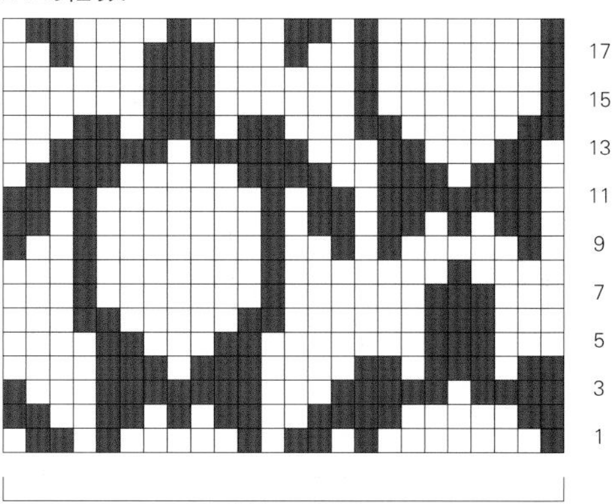

蝴蝶 (Butterfly)

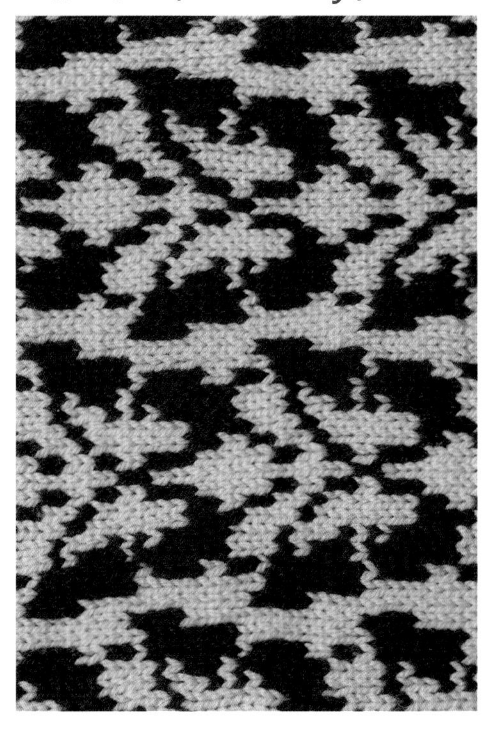

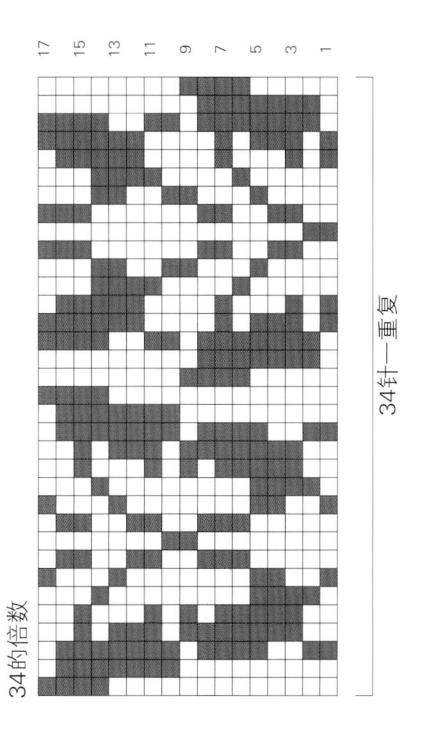

自行车 (Bicycles)

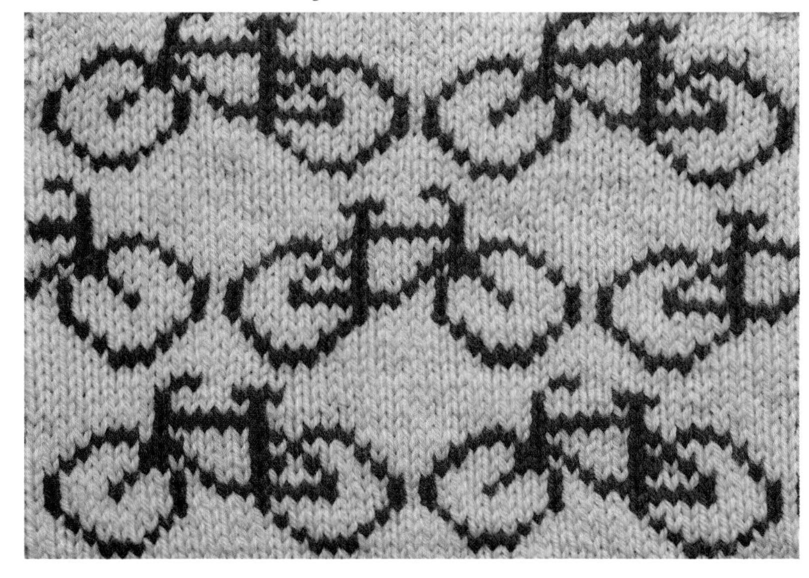

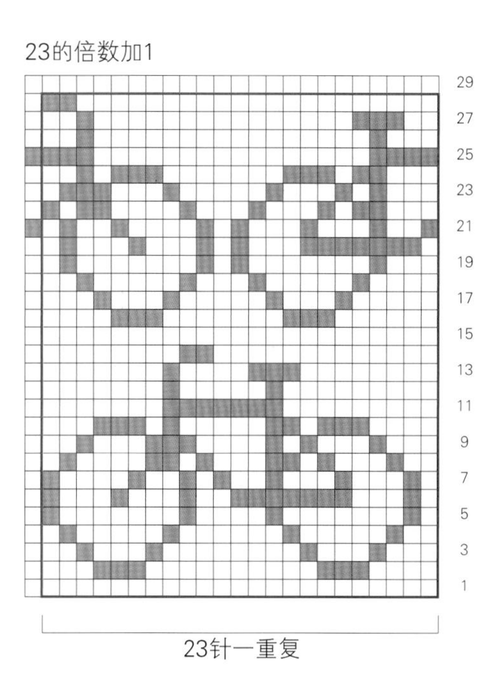

宇宙飞船 (Rocketships)

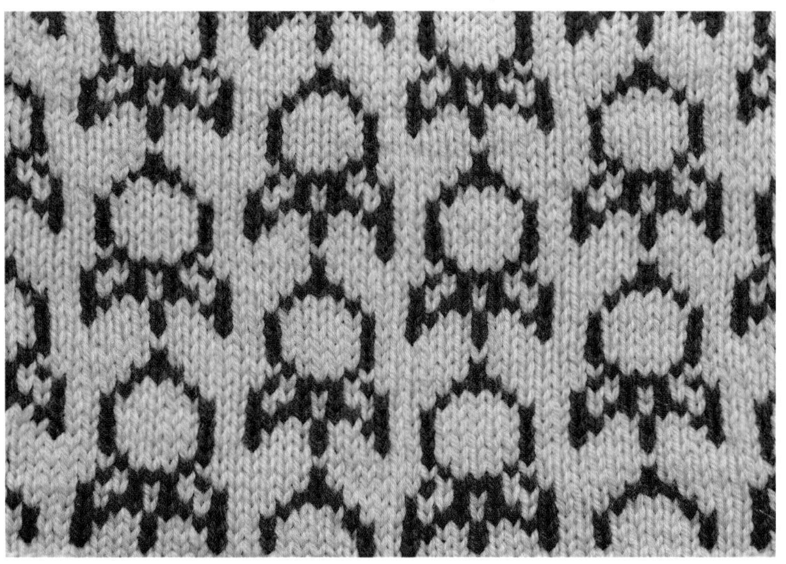

20的倍数

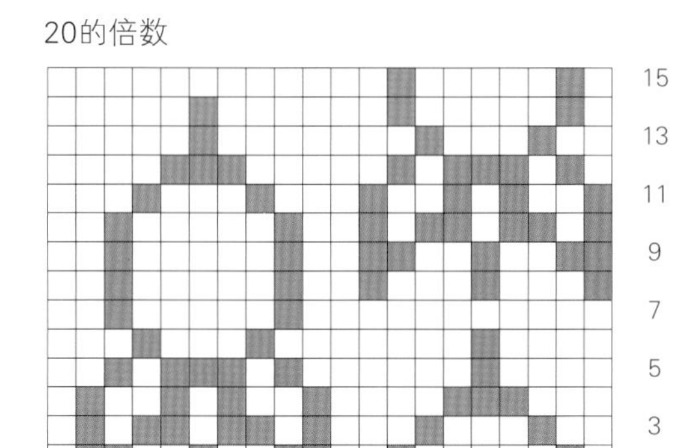

20针一重复

河马 (Hippos)

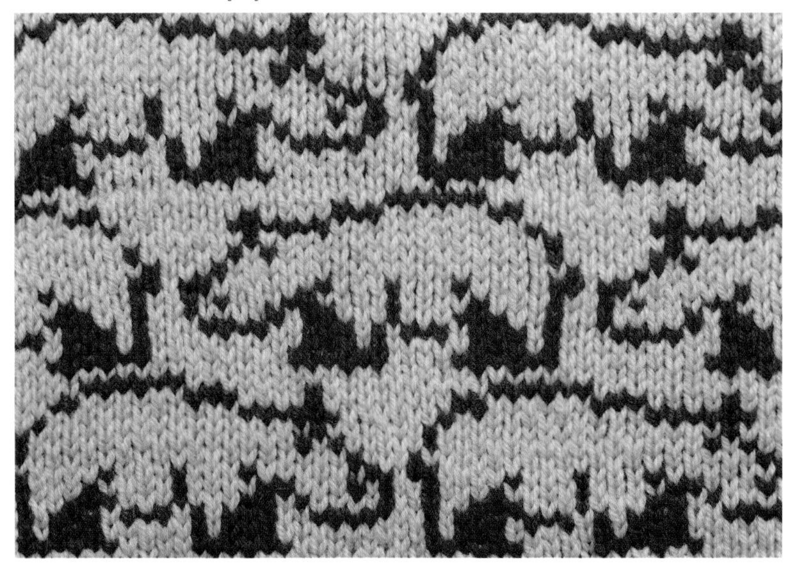

24的倍数

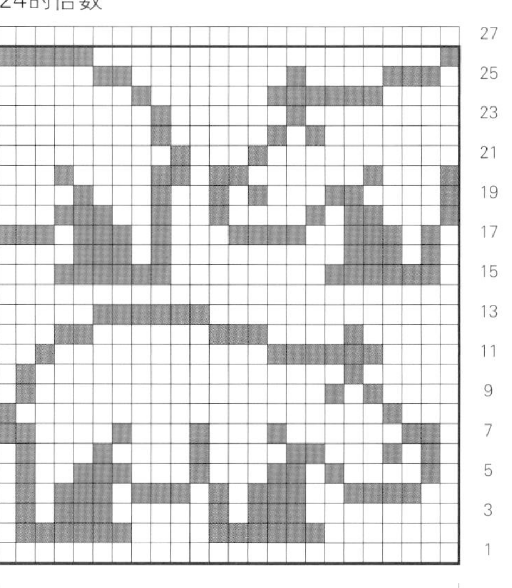

24针一重复

小马奔腾 (Prancing Ponies)

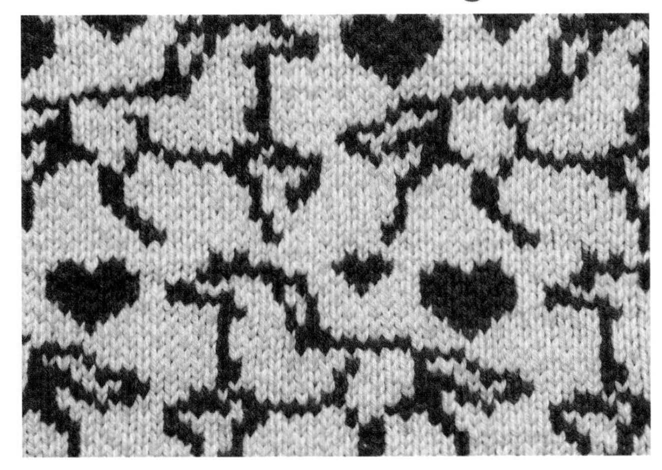

29的倍数

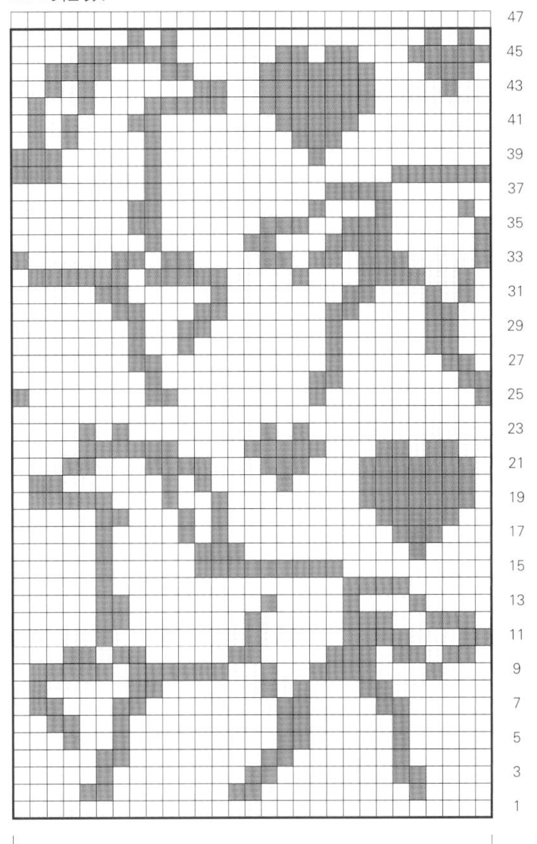

小猪跳舞 (Poopin’Pig)

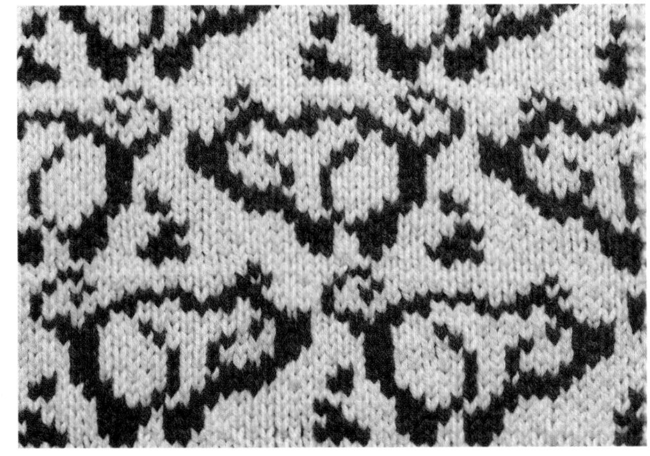

22的倍数

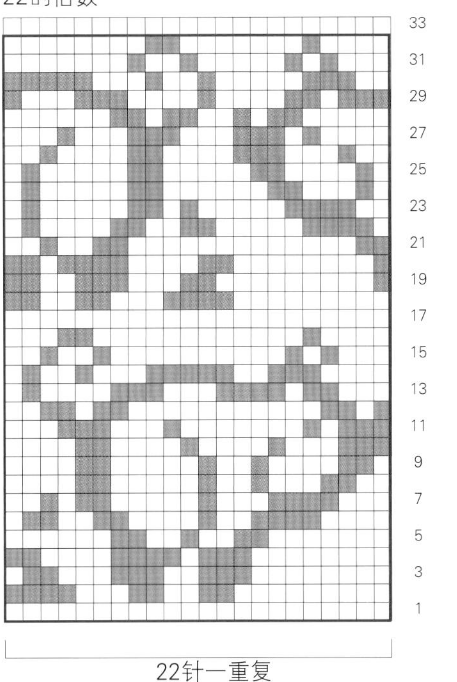

骷髅会 (Skull & Bones)

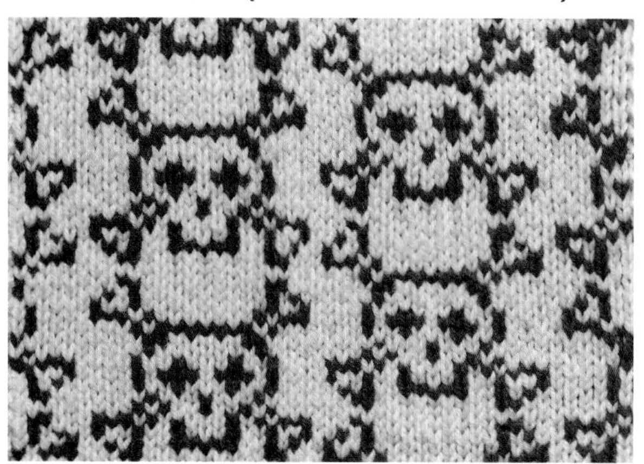

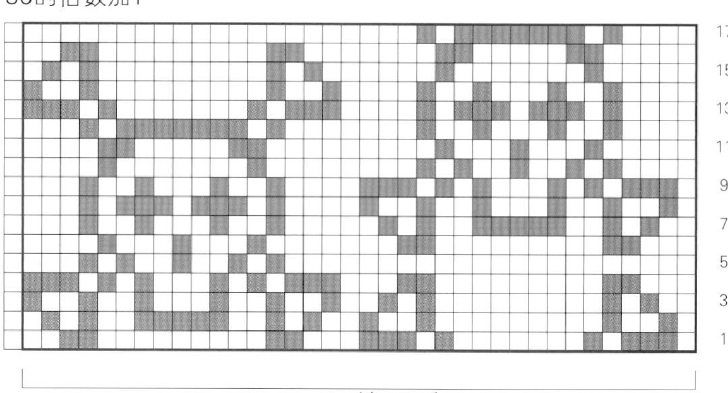

心形 (Hearts)

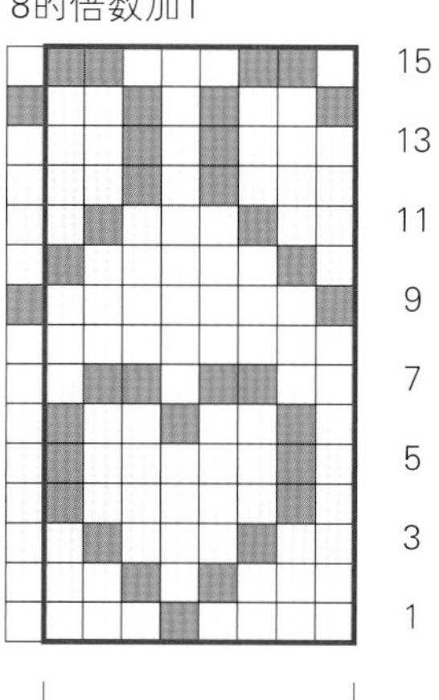

小兔 (Bunnies)

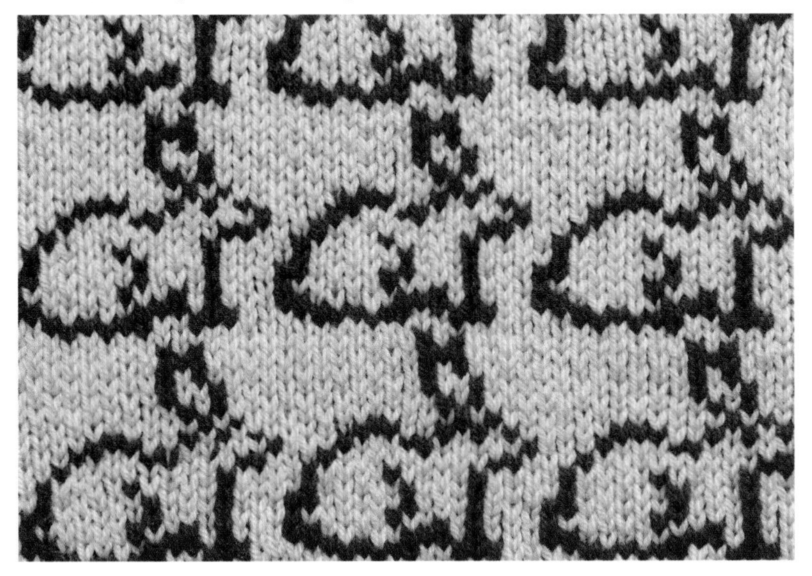

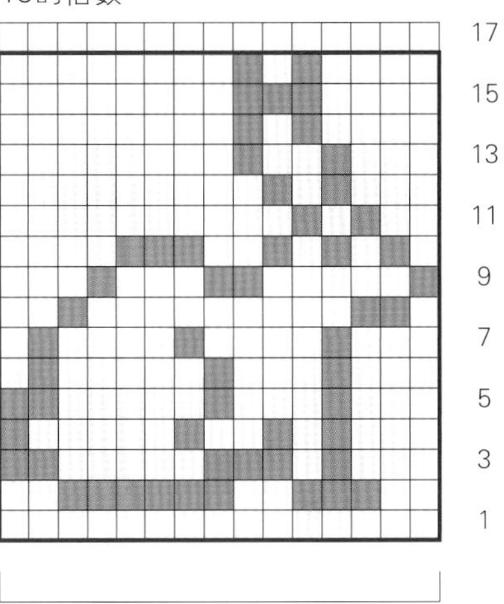

小鸡过马路 (Crossing the Road)

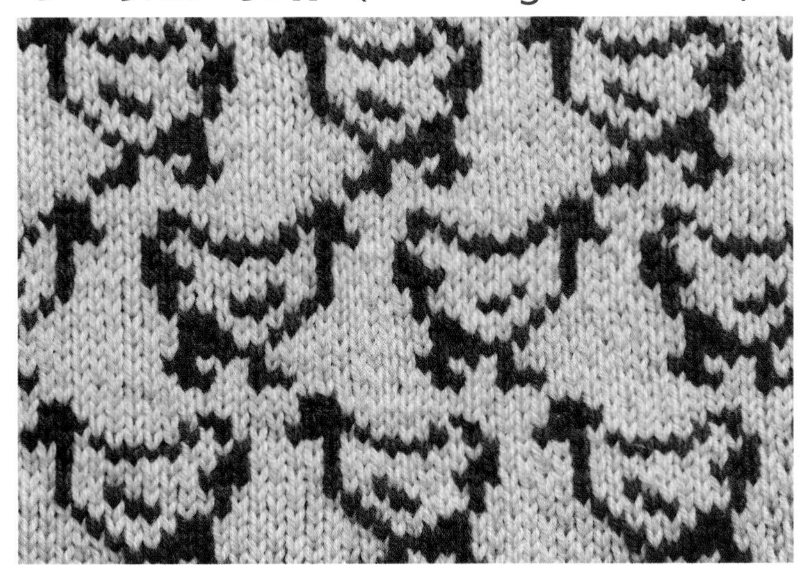

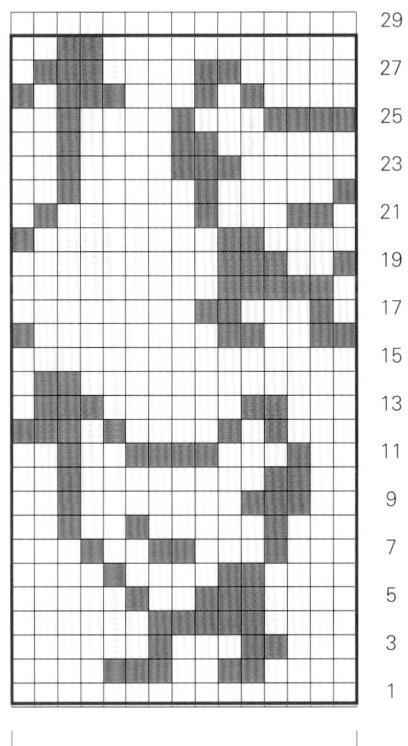

三角叶杨 (Cottonwood)

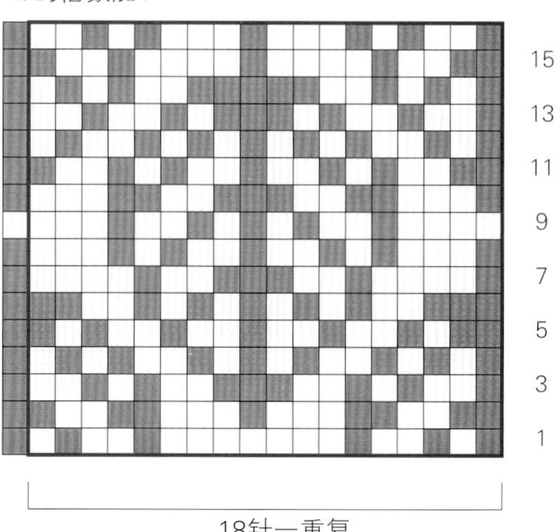

矮蘑菇 (Short Mushroom)

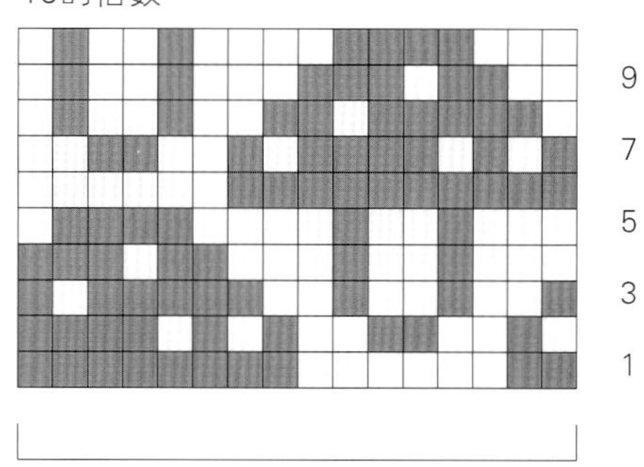

高蘑菇 (Tall Mushroom)

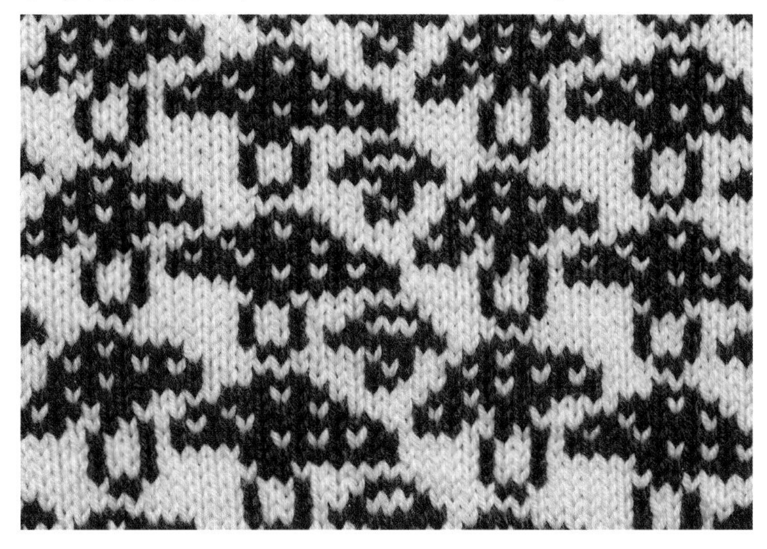

23的倍数

11
9
7
5
3
1

23针一重复

落叶 (Fall)

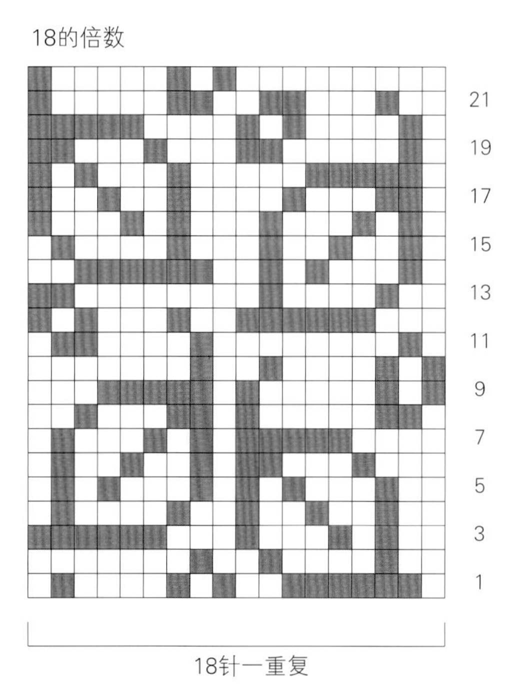

历史 (History)

14的倍数

9
7
5
3
1

14针一重复

火 (Fire)

11的倍数

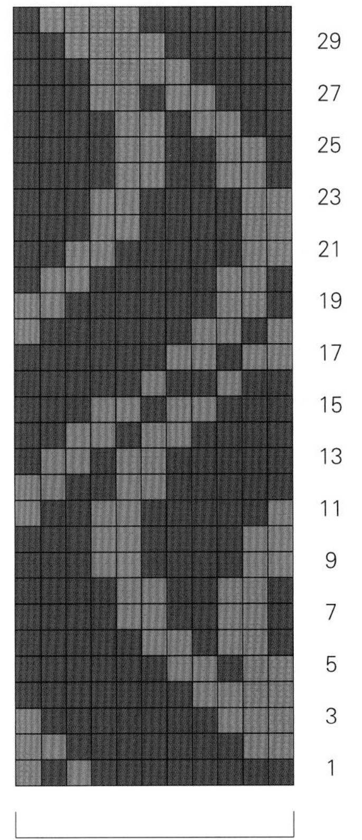

11针一重复

欧丁神 (Odin)

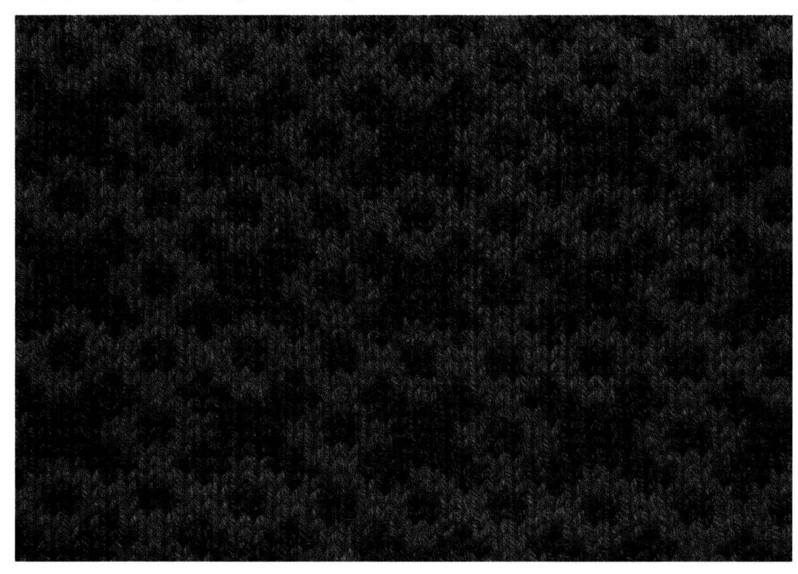

10的倍数

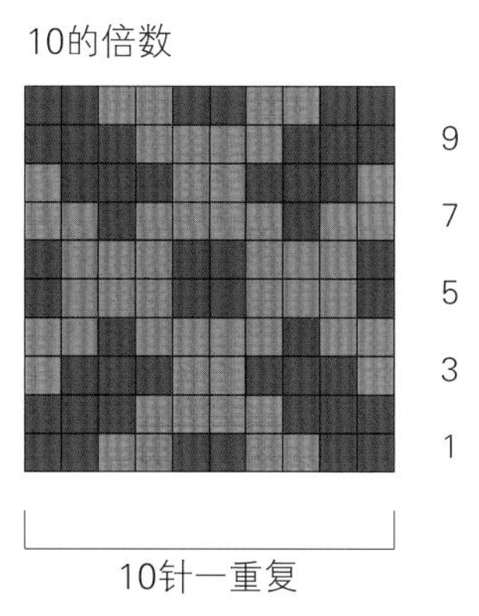

阴阳面具 (Escher Masks)

22的倍数

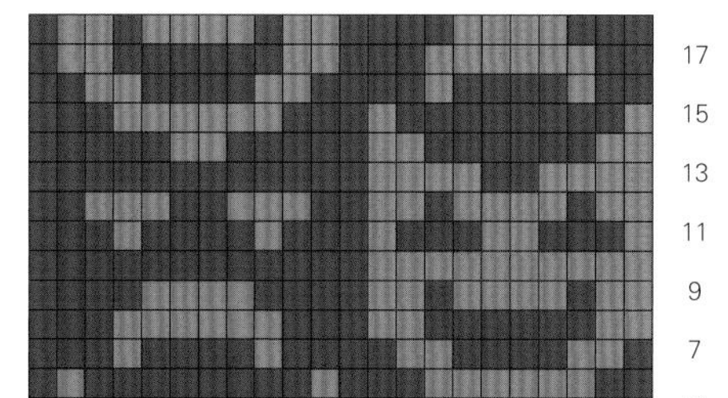

22针一重复

渔网 (Fishnet)

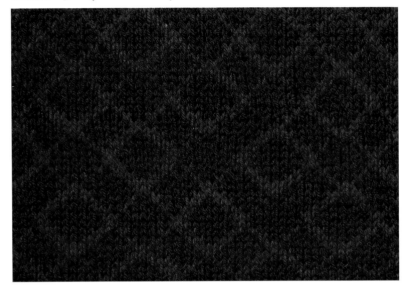

16的倍数

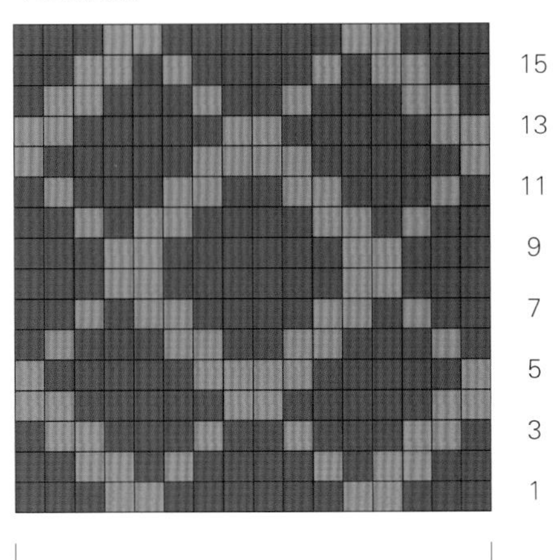

牢不可破 (Unbreakable)

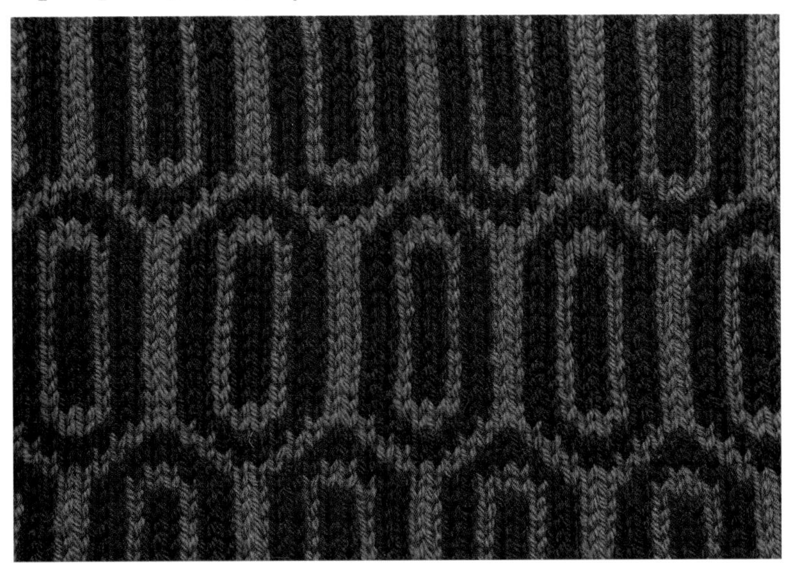

10的倍数

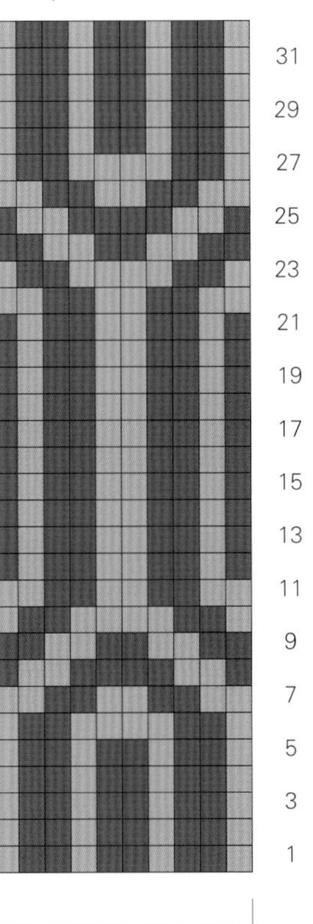

强大力量 (Juggernaut)

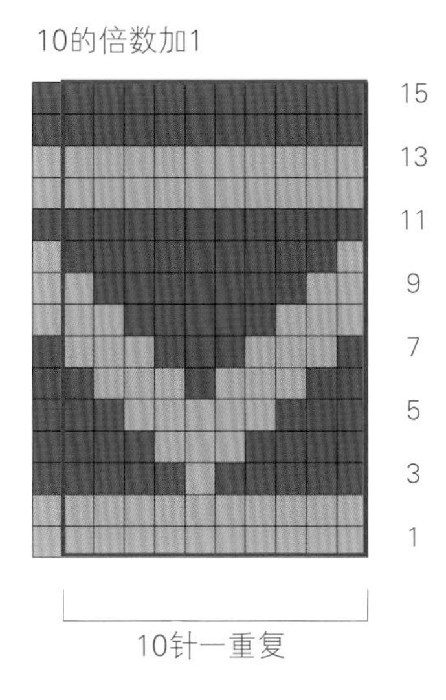

字母数字表 (Alphanumeric)

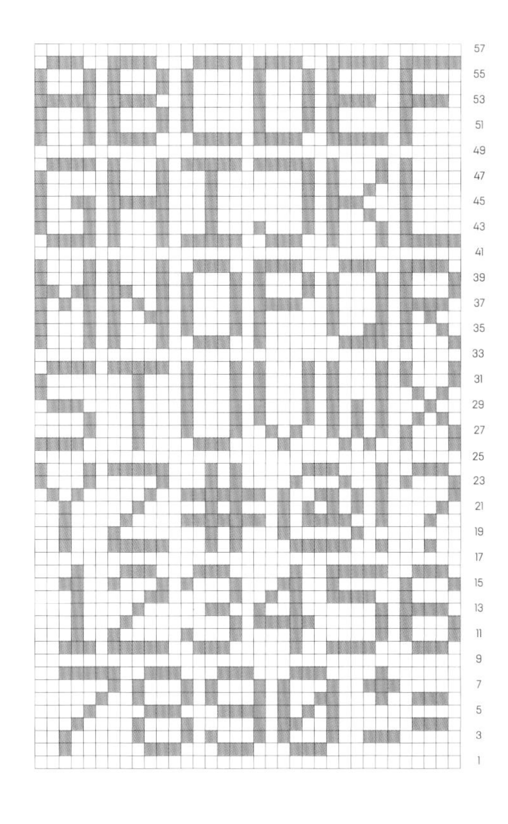

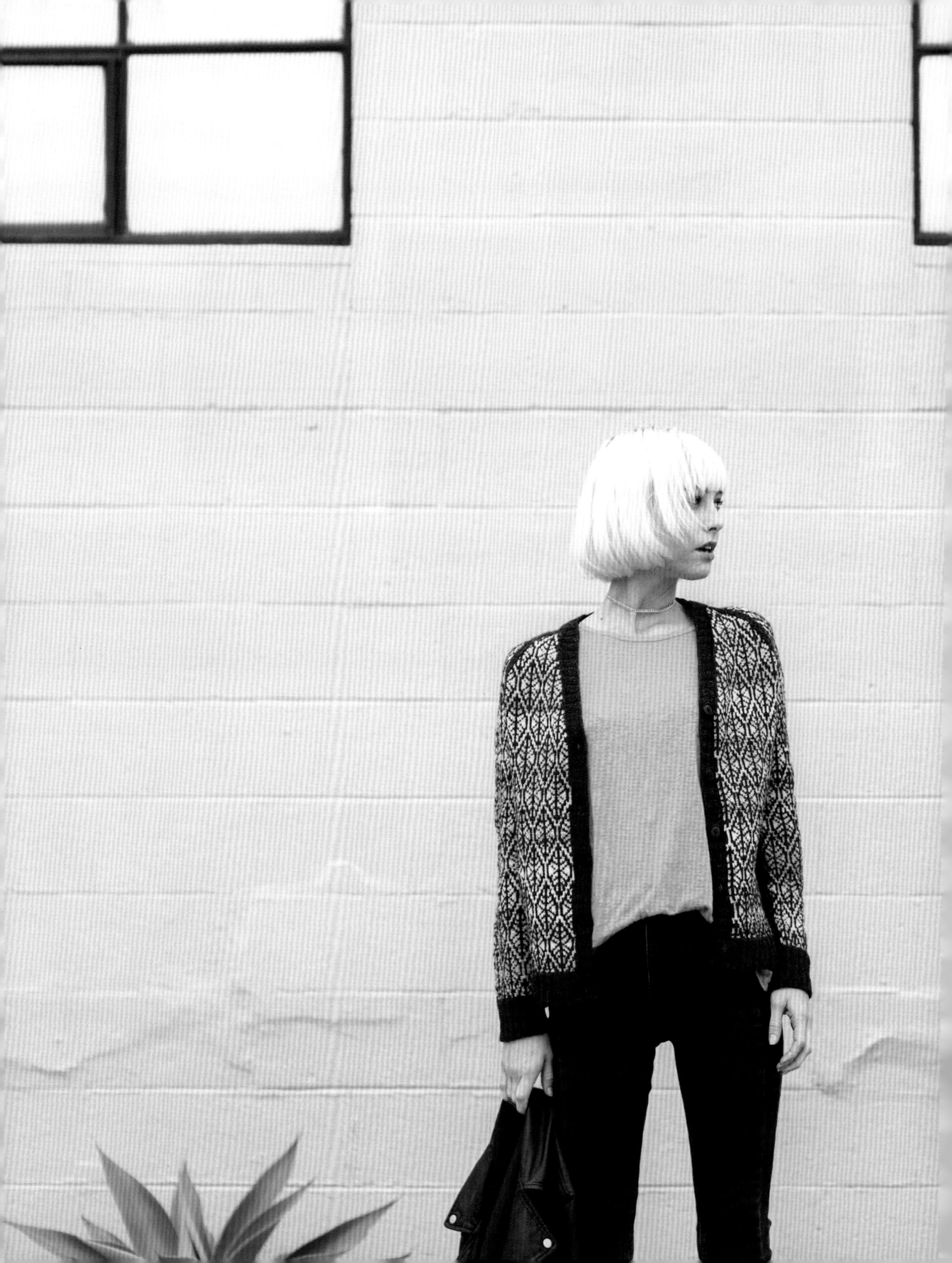

2 作品

将花样运用到作品和设计中

本书的图案可以有无数种使用方法。为了举出具体的例子，我介绍了5件运用了本书图案的作品。与其试着巨细无遗地展现每一种配色设计，我更乐意展现我的设计探索之路，以及如何将我的方法作为起点来创作你自己的作品。

帽子

本书中介绍了两款自行车帽子，一款运用了自行车图案，另一款运用了心形图案。两款帽子都是在同一图解的基础上插入了不同颜色的配色图案。我想要一项带有自行车图案的帽子，所以帽子的其余部分都围绕着这个图案来设计。自行车图案有很棒的横向动感，也会在头部形成一条漂亮的带子。为了给帽子增加运动风，也为了给自行车加框装饰，我在图案的上方和下方都增加了条纹。这些条纹提供极佳的自由创作空间，你可以将任何能够套入条纹宽度的图案组合起来。我的另一款帽子用的是心形，我觉得像样品一样用深颜色会显得大胆奔放，用粉色则甜美可爱，当然你还有其他许许多多的选择。

我是如何知道哪个图案合适呢？这里要从针数谈起。小码帽子的主体部分的针数是144针，大码的主体部分是168针。而在作品的密度中，这个针数适合的头围分别为49厘米和57厘米，正好是成人帽子的小码和大码两个尺寸。其实我本想要一个介于这两者之间的尺寸，但是如果图案中出现半辆自行车，那么帽子的美感就大打折扣了。

起针数分别为144针和168针，这在编织中是非常美妙的数字，因为这两个数字可以被不同的约数整除，也就是说，这些数字可以平均分配成很多种组合：144有15个约数，而168有16个约数！这一点非常有用，原因如下：首先，我需要一个可以平均减针的帽顶：144针可以给我多种平均减针的方案。我最后将帽顶分成8份，小码为每份18针，大码为每份21针。对于螺旋减针的帽顶，分成8份来编织非常合适，只要我的针数可以8等分，我都会这样编织。另外我也希望帽子的那条横向带状能够适应各种不同图案的插入。而这些约数给了我大量的选择方案。例如，自行车图案是24针的重复，所以6个或7个图案，正好凑成帽子的针数（24x6=144，24x7=168）。心形图案是8针一重

复，所以18次或21次重复正好凑成帽子的针数。

还有另一种方法，可以让图案的重复与帽子的针数从一开始就得到匹配。对于那些非连续的图案，例如自行车和河马，我可以在图案与图案之间增加一些空白的针目，以使花样的针数与帽子的针数匹配。例如。小鸡过马路（Crossing the Road）的图案为15针一重复，如果我在每次花样重复的最后1针之后增加1针空白针目，那么小鸡图案之间只会增加1针的空隔，但是这样一来，图案就变成了16针一重复，刚好可以匹配小码的帽子，不过大码的帽子就匹配不了了（144 ÷ 16=9，168 ÷ 16=10.5）。因为图案的渡线已经是长渡线，所以我也不介意让这个图案的渡线再增长一点点。而具体到这个图案，我会用隔一针绕一次线的方法，将长渡线绕起（这也是我编织样片时的处理方法）。如果我用这个图案，我只会按图案编织小鸡图案的第1行，编织第2~14行时，则不受图案上方和下方的横线的约束，因为这些针目已列入帽子中。

你可以适当地调整帽子的行数，因为在最后的条纹之上与帽顶之下还有空白的空间。也就是说，如果你的图案比自行车或心形高一点，在织帽顶之前你可以少织几圈。如果你的图案行数少一些，你可以在编织最后的条纹之后多织几圈。

围脖

本书中介绍的围脖，“螺旋（Helix）”，是根据一个非常多用途的模板做成的。这条围脖本质上是一个筒状，将两端进行缝合，做成一条没有反面的围脖，既非常贴身，又非常时尚。这种风格的围脖可以运用上你喜欢的任何图案。

在设计自己的围脖之前，第一步是挑选一个图案。我选择的是螺旋图案。看看这个花样的重复针数，因为围脖会以环形编织，不需要解决对称的问题，所以去掉图解中的边针或实现对称的补充针数。螺旋图案为21针的倍数。这条围脖我的编织密度是30针10厘米，意味着每2.5厘米7.5针。我想要编织一条周长17英寸（约43厘米）的筒状，所以第一步的计算如下：

7.5（2.5厘米的针数）x17（所需要的周长，英寸）=127.5针。现在我需要的，是找到一个既接近127.5针，又可以被21（螺旋图案的一次花样重复的针数）整除的数字。

我承认我已经提前试算好了：21 x 5 = 105（太小）；21 x 6 = 126！这个数字只比我们的目标数字少1.5针。

以126为起针数，我的实际筒状周长为42厘米，而非43厘米，这对我来说已经足够接近。

所以我起了126针，从第一圈重复编织6次螺旋图案，然后依此类推，反复将这个图案的31圈做循环编织，直到这条围脖达到我需要的长度。当我收针时，长度为66厘米，正好将31圈的图案重复了6次。

为了将这个作品调整成其他图案，可以另外找其他图案，针数重复为126的约数。但是哪怕你找到的针数不能刚好匹配，也可以在起针时多起几针或少起几针，来让花样正好匹配。例如，如果你选择的花样为5针的倍数，你可以起125针，而非126针，成品尺寸的差异并不会太大。以30针相当于10厘米这种贴身柔软的密度来说，以上的针数调整效果都很好。请注意，如果你的样片密度更大，那么增加或减少几针，都可能会为成品尺寸带来更大的差异。

骷髅会套衫（左）也可以用陀螺图案（右上）和爪痕图案（右下）来替换。

圆育克套衫

跟帽子图案一样，骷髅会套衫好比一块美妙的画布，可以承载不同的横向图案。结构为从下向上编织，先将主体和袖子进行无缝环形编织。当主体和袖子连接成育克时，先织几圈平针作为基础行。这件作品在环形编织配色花样时，不需要减针，所以可以替换成其他图案，只要这个图案的针数和行数与所需要的尺寸的针数和行数相符。蜜蜂（Bees）就是一个很好的替换图案：它的针数和行数的重复为18（只取一排蜜蜂图案，而非原图解中两排错开的蜜蜂图案），正好匹配这件作品。

即使一个图案不能完美地匹配你的需要，也不要害怕去调整图解！例如，如果你想使用蝴蝶（Butterfly）图案，你不需要像原图解中那样取错开的蝴蝶花样，只需要使用半个图解（图案中的第2次17针），然后再加1针来补充花样。这样就可以为你提供18针一重复的图解。蝴蝶花样是17行而非16行，为了弥补尺寸的不同，可以在花样的最后一圈与下一次的减针行之间（不加针不减针的平针区）少织一圈。

你也可以使用一个满花的图案，而不像骷髅会花样与蝴蝶花样一样是单个的形状。用配色线单独织一圈，形成育克部分的骷髅会花样上方和下方的条纹，可以当作满花的图案的上边界和下边界。适合这个方法的图案有陀螺（尽管这是一个18圈的重复，也要确保将多出来的2圈去掉），女巫（先编织第1~10圈一次，再编织第1~6圈一次），爪痕（先编织第1~12圈一次，再编织第1~4圈一次），或者数羊。这些例子都可以适应所有尺寸，因为它们都是18针（或9针）的花样重复。但是结合你的实际身材，所用的针数可以是18以外的其他约数（按其他数字进行平均分配），以供你有更多的图案选择。

满花配色图案的开衫

前面的例子都是环形编织，我们使用的图案都是完整的，因为针数正好为花样的倍数，不存在不完整的图案。如果圆育克上出现半个骷髅，或者帽子上出现四分之一个自行车图案，看起来会是个错误，但是你并不需要永远都使用完整的花样重复。如果你的作品中有可以被称为“分区”或边缘的地方，例如一件毛衣的侧边“分区”，开衫的前门襟，或者育克的拉克兰线，你可以使用不完整的图案，哪怕是在进行环形编织。要使这个方法成功，只需要确认你已经在视觉上用线条将花样断开，并尽可能地使该区域的花样对称，也就是开始和结束的地方花样一致。

以水中叶开衫为例，为了简单说明，我只取最小尺寸的数字来进行解释。当我们开始配色编织部分时，最小尺寸的主体部分共有240针。其中有5针用于额外加针，也就是实际上配色编织部分为235针。该花样为12针一重复，并不能被235针整除。此235针可以分成19份12针的重复，最后会余下7针。我们通常会希望这些余下的针目可以平均分成两半，一半分在一圈的开始处，另一半分在一圈的结束处。如果你观察这12针的花样重复，你会发现这个图案并非对称——第1针与最后一针并不一样。为了实现对称，我们需要在花样重复之

前增加一针，而在花样重复之后则不需要。也就是说，我们会从多余的7针中，分配4针在开衫的右前中间处，于花样重复开始之前。观察图解，你会发现这样可以实现花样对称——第1针与最后一针完全一致。

针对每一个尺寸，图解会以不同的线区进行划分。花样重复以外的多余针目，将会分成两份，并且在花样重复之前会多分配一针，以实现花样对称。哪怕在一圈的开始处或结束处，不能是完整的花样也没关系，因为这个地方会是你将额外加针剪开、作为开衫前门襟的地方。如果这些毛衣是以敞开的方式穿着，一圈的开始处和结束处会被门襟边分开。视觉上，这将解决花样不能完整重复的问题。

哪怕没有额外加针，例如袖子，花样不重复也是可接受的。为了处理不完整的花样，可以用固定的颜色作为“分区”的线条，来将一圈的开始处与结束处分隔开来。如果开始处与结束处之间没用清晰的线条进行分隔，两个不完整的花样重复连在一起，会在视觉上不太和谐，看上去像织错的一样。

你也可以用这种方法，为袖子之类的部分进行加、减针。要保持每一圈的最后一针作为单针的“分区”线，并在此针的另一侧进行花样的减针。

这个方法也适用于套衫。只要单针的“分区”线分配在身体的侧边，而非前中心。你可以将不完整的花样分配到前、后身片交接的位置。举个例子，如果你的套衫的主体部分的针数为202针，你要先将针数除以2，分配给前身片和后身片：202÷2=101；前身片和后身片的针数分别是101。为了预留“分区”线，在考虑如何分配图案前，先减去1，即101－1=100。假设你的图案是一个12针的重复，并且本身就是对称的，我们不需要像水中叶开衫一样考虑配齐花样的多余针数。100÷12=8.3。所以100除以12可以分成8份并且余下一些针数。12x8=96（完整花样重复所需的针数）。100－96=4（余下的针数）。由于你要将这些针数分成两半——分配在开始处和结束处，所以是4÷2=2。所以前片是从花样的最后2针开始，然后重复第1~12针8次，再编织花样的头2针，然后以创作花样的主色线（与配色线相反）来编织你的“分区”针目。至此完成了前身片的分布。接下来，重复刚才的操作，编织后身片。

按照这个方法，你可以为任何针数来编织满花的花样。在侧边缝份位置、袖子缝份位置、拉克兰线的位置用花样的颜色编织一针，在视觉上将织片分割开来，使你可以安心使用不完整的花样重复，且避免看起来不和谐。

连指手套

在编织连指手套时，我喜欢在手背使用加粗的、大型的图案，在手掌使用与手背相呼应的、较小的图案。为了实现减针，我通常会先重复花样，再对手套尖的部分按花样图解减少格子。如果你想要使用另一个不同的图案，你也可以使用相同的方法：先重复你的图案，再对手套尖的部分按花样图解对称地减少格子。

为使拇指部分与手掌部分的花样无缝连接，我会数一下离开始处一共有多少针，然后简单地从图解中减去相应的格子。由于左手拇指与右手拇指位于手套的相反两侧，所以两只手套是不同的。

你会在手套中发现，我也用了主色线作为手套的“分区”线，这可以用来区分手背和手掌，就像我在水中叶开衫中所使用的方法。

See you, xxx

自行车
帽子

这顶密实的帽子既温暖又具有运动风，无论是男士还是女生都适合。可将它戴在你的自行车头盔下，也可在寒冷的天气戴它出门！其他可选的图案：河马（配色编织的位置上只适合一排河马图案，将24针的河马图案重复6次，正好适合这顶帽子）、骷髅会（使用图案后半部分的18针，沿着帽子将骷髅处挨个重复，而非将图案错开，将18针的图案重复8次，正好适合这顶帽子）。

成品尺寸

帽围约49 / 57厘米

样品的尺寸为49厘米

毛线

细线（#1 超细）2种颜色：
主色线235米、215米；配色线62米、57米

样品使用

自行车图案款：
Quince&Co.Finch（100%羊毛；202米 / 50 克）：主色线 Poppy，1团；配色线 Chanterelle，1团

心形图案款：
Sweet Fiber毛线Sweet Merino Lite（100%防缩羊毛；434米/115克）；主色线Charcoal，1团；配色线Paper Birch，1团

棒针

帽檐和平针：美式2号（2.75毫米），40 厘米环形针

配色花样：美式3号（3.25毫米），40 厘米环形针

帽顶：美式2号（2.75毫米），一套双尖棒针

必要时可通过调整针号来获得正确的密度

小工具

记号圈（m）、缝针

密度

10厘米×10厘米面积内：30针、44行，使用细号棒针编织平针

提示

*此帽子从帽檐向上编织。请分别对配色编织和平针部分测试样片，以确认配色编织是否需要换成更粗的棒针编织。帽顶呈螺旋形。

帽子

帽檐

使用小号的40厘米的环形针及主色线，起144（168）针。放记号圈,连接成环形进行圈织，注意不要将环形扭曲。

第1圈： *2针下针，2针上针；从*处重复至结束。

重复第1圈的操作，至帽檐长度距离起针行为2.5厘米。

帽子的主体部分

编织3圈下针。

条纹配色顺序A

按照以下的条纹配色顺序，每一圈都织下针：

1圈配色

2圈主色

2圈配色

2圈主色

配色编织图解

换成粗号的40厘米环形针。编织自行车图解的第1~11圈，每一圈都将24针的花样重复6（7）次。在心形图案款中，编织心形图解的第1~15圈，每一圈都将8针的花样重复18（21）次。

条纹配色顺序B

换成细号的40厘米环形针。按照以下的条纹配色顺序，每一圈都织下针：

2圈主色

2圈配色

2圈主色

1圈配色

帽顶

当针数变得越来越少，无法用40厘米环形针编织时换成双尖棒针。

使用主色线，每一圈都织下针，直至作品总长度距离起针行为12.5（14）厘米。
按照如下方法进行帽顶减针：

自行车

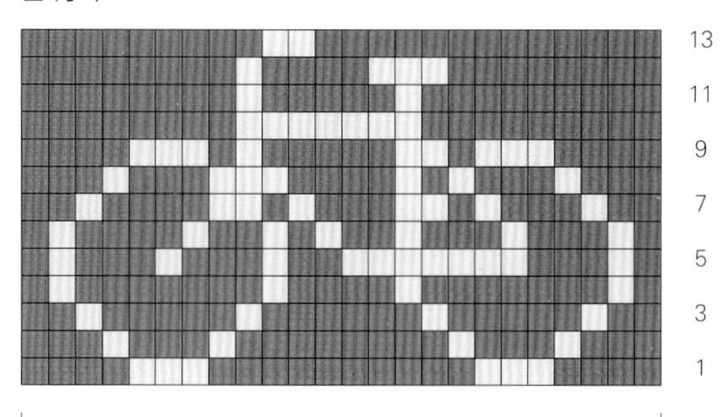

心形

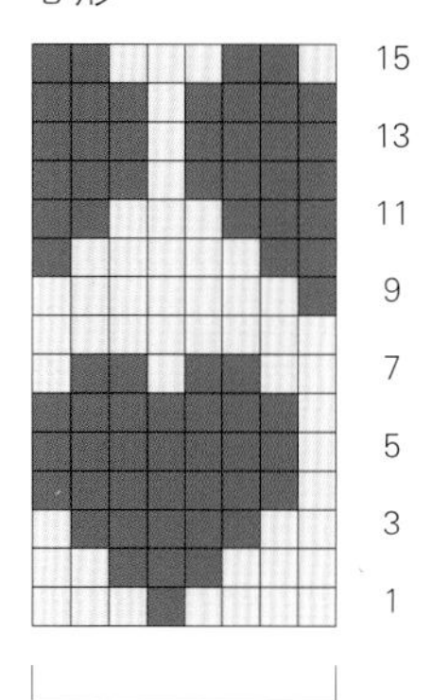

第1圈： *16（19）下针，下针左上2针并1针，放记号圈；从*处重复至此圈结束处，最后一个记号圈可以不放，因为此圈的开始处已放置了记号圈：减去8针。

第2圈： 织下针。

第3圈： *下针织至记号圈前余2针，下针左上2针并1针；从*处重复至此圈结束处。

重复第2、3圈15（18）次。最后一圈减针为全部织左上2针并1针：余8针。

预留15厘米的线尾，断线。将线尾穿入缝针，从剩余的所有针目穿过并拉紧。

结束

藏好线头，并定型。

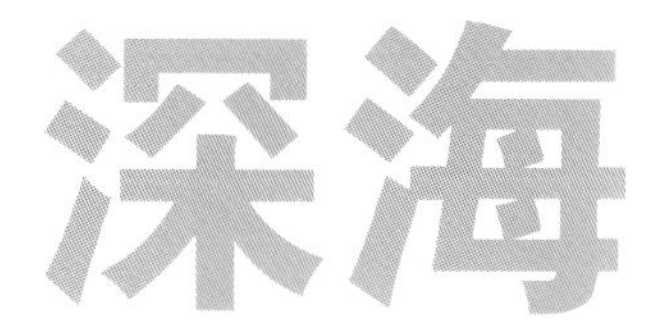

手套

海浪和旋涡，从深色的海洋之蓝渐变为明亮的天空蓝，一切都体现在这双密实而舒适的手套上。使用传统的手套编织方法，拇指部分为后来添加，结构相对简单，细节非常到位：拇指正面的图案与手掌图案的高高的海浪相连，手套口以利落的绳状收边修饰。这副手套演绎了浓浓的水手风情。

成品尺寸

成年女性均码；掌围约20.5厘米，手套口至指尖长约22厘米

毛线

细线（#1 超细）6种颜色：
123米颜色1
37米 颜色2~5
32米 颜色6

样品使用

Elemental Affects Shetland Fingering （100%北美设得兰羊毛；107米 / 28 克）：
颜色1 白色，1团；
颜色2 深蓝色，1团；
颜色3 蓝绿色，1团；
颜色4 龙舌兰色，1团；
颜色5 海浪色，1团；
颜色6 爱琴海色，1团

棒针

罗纹针：美式0号（2.0毫米）：一套双尖棒针，或使用长环形针（利用魔术圈织技巧）

配色花样:美式1号（2.25毫米）:一套双尖棒针，或使用长环形针（利用魔术圈织技巧）

必要时可通过调整针号来获得正确的密度

小工具

记号圈、细废线、缝针、2根美式1号（2.25毫米）双尖棒针用于编织I-cord收边

密度

10厘米×10厘米面积内：35针、38行，使用粗号针编织配色花样

提示

*本手套以罗纹边缘起针，从手套口向指尖编织。在编织手套的过程中，为了方便添加拇指，使用废线替代拇指处的第1行的位置进行编织。指尖和拇指尖用平针接合。在手套的其他部分都完成后，使用绳状收边。虽用5种颜色产生渐变的效果，但背景的颜色是一致的。

手套口

罗纹边缘

使用颜色1及细号棒针，起68针。放记号圈，连接成环形进行环形编织，注意不要将环形扭曲。

第1圈： *2针下针，2针上针；从*处重复至结束。
重复第1圈的操作多3次，作为罗纹边缘。

下一圈（加针）： 扭加1针，34针下针，扭加1针，下针织至结束：余70针。

配色花样部分

换成粗号棒针，接上颜色2。编织手套图解的第1~32圈，保持颜色1不变，在第16圈将配色换成颜色3，在第31圈将配色换成颜色4。

使用废线编织拇指处

按照图解第33圈编织至指示拇指位置的线条之前（注意左、右手的拇指位置不同）。使用废线，织12针下针。将废线编织的针目滑回左棒针，按手套图解编织至一圈结束处。

继续编织手套

编织手套图解的第34~74圈，在第46圈将配色换成颜色5，第61圈将配色换成颜色6——余10针。

预留15厘米的线尾，将颜色1断线。预留30.5厘米的线尾，将颜色6断线。将颜色6的线尾穿入缝针，将前5针与后5针做平针接合。

拇指

小心地从废线处挑出针目，用粗号棒针，从废线前一行挑出12针，从废线后一行挑出12针（为避免掉针，可以在废线拆除之前，先使用棒针从废线的前一行和后一行的针目中间先把针目挑好）。

按拇指图解编织第1~23圈，从颜色1和颜色4开始，在第14圈将配色换成颜色5。

预留15厘米的线尾，将颜色1断线。预留23厘米的线尾，将颜色5断线。将颜色5的线尾穿入缝针，将前4针与后4针做平针接合。

结束

绳状收边

将手套反面朝外。使用颜色2及粗号双尖棒针，起5针。编织1行下针。不需要翻面，将针目滑至棒针的另一头，编织4针下针，像织下针一样滑1针不织。看着手套的反面，从起针的线头位置开始，从起针行挑织1下针。将滑过的1针对挑起的1针进行盖收。*不需要翻面，将针目滑至棒针的另一头，编织4针下针，像织下针一样地滑1针不织，从起针行挑织1针下针。将滑过的1针对挑起的1针进行盖收；从*处重复至手套口整圈完成，从起针行的第1针挑出1针。将所有针目收针。预留15厘米的线尾，断线，使用这个线尾对绳状收边的起针和收针处进行挑针缝合，并确保缝合处位于手套的内侧。

最终结束

使用线尾或多余的线来缝收拇指根的口。藏好线头，并定型。

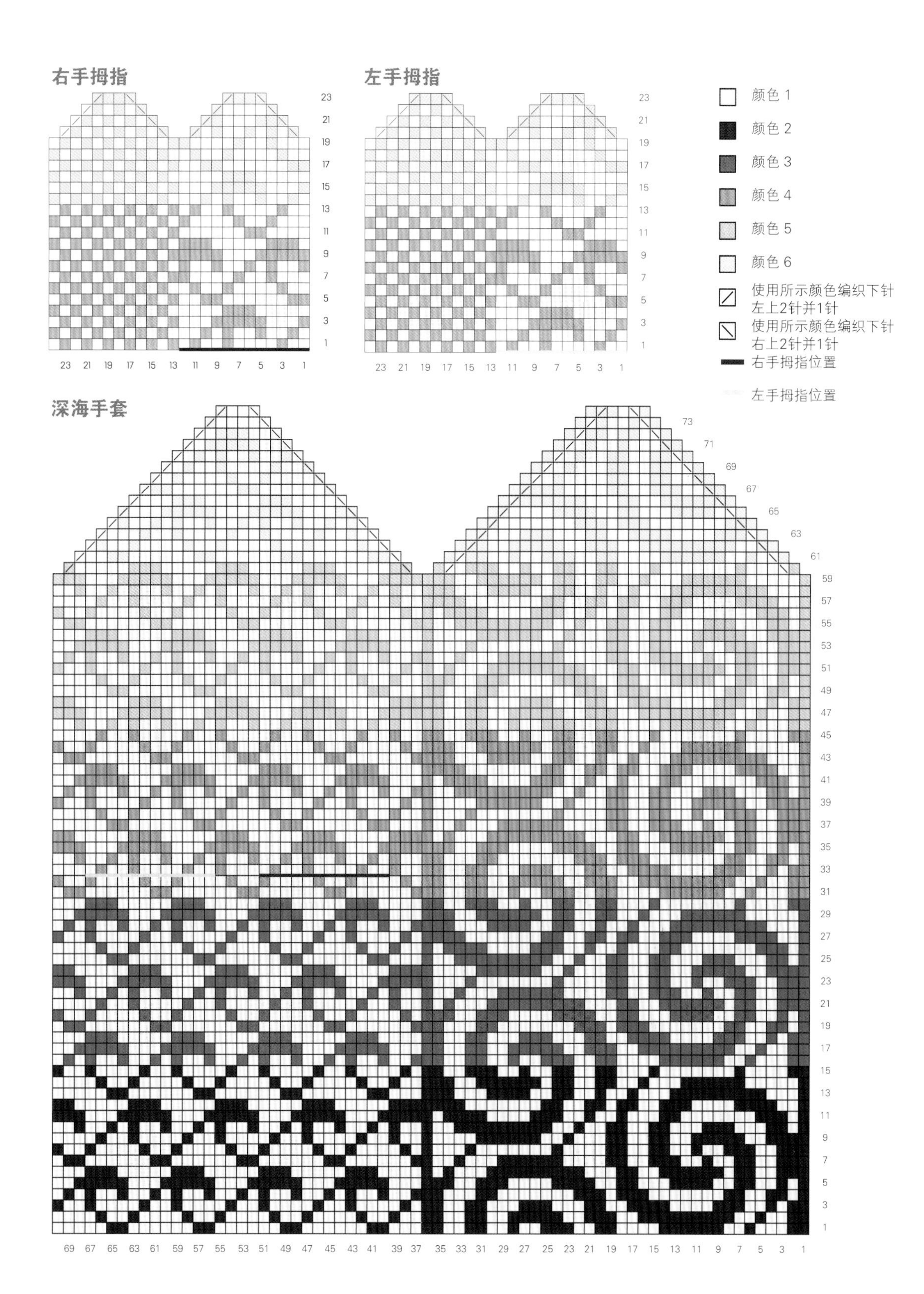

右手拇指
左手拇指
颜色 1
颜色 2
颜色 3
颜色 4
颜色 5
颜色 6
使用所示颜色编织下针
左上2针并1针
使用所示颜色编织下针
右上2针并1针
右手拇指位置
左手拇指位置
深海手套

NO
PARKING

螺旋花样围脖

成品尺寸

两端缝合后周长约66厘米，宽约21.5厘米

毛线

细线（#1 超细）2种颜色：
主色线：298米
配色线：233米

样品使用

Artisan Sock （90%美丽奴羊毛，10%腈纶；366米/120克）：主色线Quill，1团；配色线 Lichen，1团

棒针

美式5号（3.75毫米）：40厘米环形针

必要时请通过调整针号来获得正确的密度

小工具

记号圈、缝针

密度

10厘米×10厘米面积内：30针、29圈，编织螺旋花样

提示

*此围脖为横向的筒状编织。完成筒状结构后，将所有针目收针，再将两端缝合。

这条围脖以简单的结构展现了十足的戏剧感。简单地起针，然后按螺旋花样环形编织，收针，然后将两端缝合。由于围脖是筒状编织，所以没有反面。可使用光滑毛线及冲突剧烈的对比色，夺人眼球；也可以使用毛茸茸的毛线及中度对比色，以获得更自然的效果。你也可以选择其他图案，例如集会、雅典娜、树叶或北风。

筒状编织

使用主色线，起126针。放记号圈，连接成环形进行环形编织，注意不要将环形扭曲。接上配色线，编织螺旋图解的第1圈，每一圈将21针的花样重复6次。继续按照螺旋图解编织，将图解的第1~31圈共重复6次。使用主色线将所有针目收针。

结束

把线头藏在筒状的内侧。将作品按照尺寸进行湿定型。注意要将配色花样的线条拉直。使用配色线将筒状的两端做平针接合。使用平针接合的方法将余下的线头藏好。对缝合位置和褶皱处进行蒸汽熨烫，将缝合位置熨平，让作品平整。

定型

虽然定型会多花时间，但是我认为，定型对任何作品都是必要的。定型可以使针目平整，将针目花样展开，并使整件作品看上去更精致、更专业。挺直不卷曲的边缘，也非常有利于缝合。比起蒸汽定型和喷雾定型，我更偏好湿定型，因为这会将作品洗过一次，可以将作品中来自环境和编织过程中手上所带的污垢和油分洗去。这个方法也可以让许多毛线变“饱满”，尤其是羊毛纺出的线。

骷髅会
套衫

成品尺寸

胸围84（94、104、114.5、124.5、134.5）厘米

样品的尺寸为94厘米，设计为穿着时有8~10厘米的富余

毛线

粗线（#4 中粗）2种颜色

主色线：902（1011，1120，1230，1340，1449）米
配色线：60（68，75，82，90，97）米

样品使用

Brooklyn Tweed Shelter （100%羊毛；128米/50克）：主色线Snowbound，8（8，9，10，11，12）团；配色线Camper，1团

棒针

罗纹针：美式5号（3.75毫米）：80厘米环形针，40厘米环形针，一套双尖棒针

平针：美式6号（4.0毫米）：80厘米环形针，40厘米环形针，一套双尖棒针

配色花样：美式7号（4.5毫米）：80厘米环形针

必要时请调整针号来获得正确的密度

小工具

废线、记号圈、缝针

密度

10厘米×10厘米面积内：20针、31圈，使用中号棒针编织平针；
20针、27圈，使用粗号棒针编织配色图解；
21针、32圈，使用细号棒针编织罗纹针

提示

*本套衫从下向上环形编织，无须缝合。主体和袖子分别编织，然后连接起来编织育克。领子边缘是在收针后进行挑针编织。

狂野的骷髅图案，让经典的圆育克毛衣升级。舒适的宽松板型，可让你在所有的寒冷季节里玩恶作剧。这件毛衣也可以调整成男士的尺寸或高个子的尺寸，图解中也提供了多尺码的说明。备选图案：蜜蜂图案。

袖子（编织2只）

袖口

使用罗纹起针法，方法如下：

使用细号双尖棒针或你喜欢的短环形针进行环形编织［建议尺寸：美式5号（3.7毫米）］及废线，起26（27，29，29，31，31）针。使用主色线，从废线的起针行织一行上针。

基础行： *1针下针，M1pw（译者注，M1pw见p.164缩略语解释）；从*处重复至余最后2针，1针下针，将左棒针从前向后插入针与针之间的沉环，然后将这根线与最后1针并织上针——余50（52, 56, 56, 60, 60）针。

放记号圈，连接成环形进行环形编织。

第1圈： *线在织片后，滑1针不织，织1针上针；从*处重复至结束。

第2圈：*织1针下针，线在织片前，滑1针不织；从*处重复至结束。

再编织第1圈一次。

罗纹针

第1圈： *1针下针，1针上针；从*处重复至结束。

重复编织第1圈，直至袖口长度为6.5厘米。小心地将起针行的废线拆除。

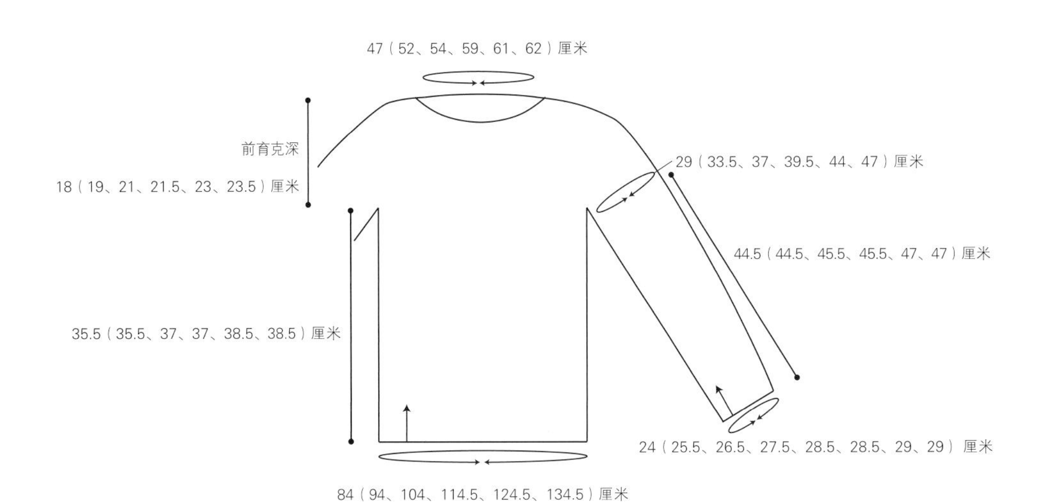

袖子加针

换成中号棒针。编织2圈上针。接上配色线。

下一圈：主色线织1针（0、0、0、0、0）下针，*配色线织2针下针，主色线织2针下针；从*重复至最后余1针（结束、结束、结束、结束、结束），配色线织1针（0、0、0、0、0）下针。
使用主色线编织1圈下针。使用配色线编织1圈下针。换成主色线编织袖子的余下部分。
织20（8、6、4、2、0）圈下针。

加针圈：1针下针，右扭加针，下针织至最后余1针，左扭加针，1针下针——加2针。
每26（14、14、10、8、6）圈重复一次加针圈，共1（1、7、9、6、5）次，然后每28（16、–，12、10、8）圈重复一次加针圈，共2（5、–，1、6、10）次——余58（66、72、78、86、92）针。
每一圈都织下针，直到袖子长度离起针行为44.5（44.5、45.5、45.5、47、47）厘米

提示：如需调整成男士或高个的尺寸，请将袖长增加1厘米。将最后的5（5、6、6、6、6）针和最初的5（5、6、6、6、6）针移至废线上，作为袖片腋下的针目。将袖片置于一边，准备接下来与身片进行连接。

主片

下摆

使用罗纹起针法，方法如下：

使用细号的80厘米环形针［建议针号：美式5号（3.25毫米）］及废线，起82（93、103、114、124、135）针。使用主色线，从废线的起针行织一行上针。

基础行：*1针下针，M1pw；从*处重复至余最后2针，1针下针，从左棒针从前向后插入针与针之间的沉环，然后将这根线与最后1针并织上针——余162（184、204、226、246、268）针。

放记号圈，连接成环形进行环形编织。

第1圈：*线在后，滑1针不织，织1针上针；从*处重复至结束。

第2圈：*1针下针，线在前，滑1针不织；从*处重复至结束。

再编织第1圈一次。

罗纹针

第1圈：*1针下针，1针上针；从*处重复至结束。

骷髅会

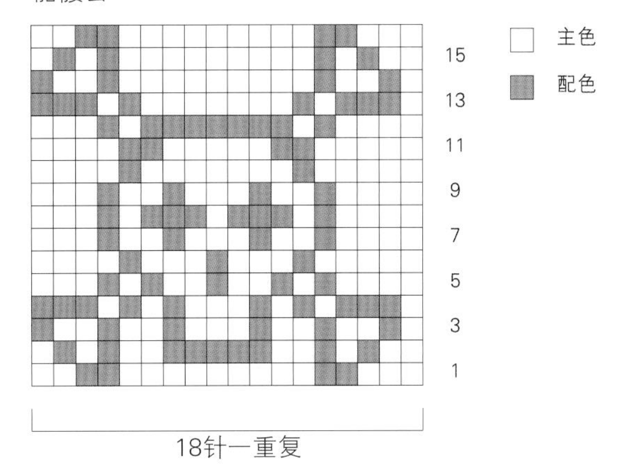

重复编织第1圈，直至下摆长度为5（5、5、6.5、6.5、6.5）厘米。小心地将起针行的废线拆除。

身片的主要部分

换成中号棒针。每一圈都织下针，直至身片总长度离起针行35.5（35.5、37、37、38.5、38.5）厘米。身片部分无加减针。

提示：如需调整成男士或高个的尺寸，请将身片总长度增长1厘米。

育克

连接身片和袖子

在下一圈，将身片和袖子连接在同一根环形针上。

连接圈：先编织身片部分，编织后身片的71（82、90、101、111、122）针下针，将接下来的10（10、12、12、12、12）针移至废线上。编织袖片上的48（56、60、66、74、80）针下针，袖片腋下部分的针目保留在废线上，放记号圈，编织前身片的71（82、90、101、111、122）针下针，将接下来的10（10、12、12、12、12）针移至废线上。把圈首记号圈换成普通记号圈。袖片上织48（56、60、66、74、80）针下针，袖片腋下部分的针目保留在废线上，连接成环形进行环形编织。此时前、后身片和袖子上的针目都连接在同一根环形针上，而你所在的位置就是一圈的开始处，穿在身上为毛衣的右后方。棒针上一共有3个记号圈：一个放在每圈开始处，另外两个放在前片的两端。建议你使用一个颜色不同的记号圈来作圈首记号圈，以便将它区分出来。

育克上共有238（276、300、334、370、404）针，每只袖子有48（56、60、66、74、80）针，前身片和后身片分别有71（82、90、101、111、122）针。

育克的引返针编织

编织2圈下针。接下来编织引返针，以抬高后领口的领围线。

引返第1行： 下针织至记号圈处，滑过记号圈，织6针下针，绕线翻面（注：见p.164缩略语解释）。

引返第2行：（反面）重复（上针织至记号圈处，滑过记号圈）3次，结束于右前身片的记号圈处，织6针上针，绕线翻面。

引返第3行： 编织下针至上一次被绕线的针目前余6针，编织过程中将记号圈滑过，绕线翻面。

引返第4行： 编织上针至上一次被绕线的针目前余6针，编织过程中将记号圈滑过，绕线翻面。

再次重复引返第3、4行。完成第4行后，下针织完此圈，编织过程中将记号圈滑过，并对被绕线的针目及其绕线编织并针。

下一圈（结束引返针编织）： 下针织完此圈，在编织过程中对绕线位置编织并针，取下除圈首记号圈外的所有记号圈。

提示： 如需调整成男士或高个的尺寸，请多织2厘米再进行育克减针。

育克减针

下一圈（减针）： 编织下针，同时在一圈中平均地减掉2（0、0、2、2、0）针——余236（276、300、332、368、404）针。

编织一圈下针。

下一圈： 接上配色线；*用配色线织2针下针，用主色线织2针下针；从*重复至一圈结束。
使用主色线编织一圈下针。使用配色线编织一圈下针。
使用主色线编织，在一圈中平均地减掉2（6、12、8、8、8）针。

下一圈（减针）： *[编织116（44、23、39、44、48）针下针，下针左上2针并1针]重复1（3、6、4、4、4）次，编织0（0、0、2、0、2）针下针；从*再重复一次——余234（270、288、324、360、396）针。

编织一圈下针。换成最粗号的棒针。

下一圈（配色开始）： 接上配色线，将骷髅会配色图解第1圈重复 13（15、16、18、20、22）次，正好完成一圈，在每18针花样重复的间隔处放上记号圈。
按照花样规律编织，直到完成骷髅会配色图解第16圈。
换成中号棒针。使用主色线编织一圈下针。

减针圈： *1针下针，下针左上2针并1针，下针织至记号圈前余3针，下针右上2针并1针，1针下针；从*重复至一圈结束——余208（240、256、288、320、353）针。
使用配色线编织一圈下针。
当针数太少时，使用80厘米环形针编织不太舒服，可换成40厘米环形针编织。
使用主色线编织一圈下针。

下一圈： *配色线织2针下针，主色线织2针下针；从*重复至一圈结束。
保留15厘米的线尾，断掉配色线。从此仅使用主色线编织。
编织3（4、5、6、7、7）圈下针。下一圈重复减针圈的操作，然后每5（6、7、8、9、9）圈再次重复此操作，再重复3次——余104（120、128、144、160、176）针；每个分区余8针。
编织一圈下针，编织过程中取下除圈首记号圈以外的所有记号圈。

最终的引返编织

再次进行引返编织，以抬高后领口的领围线。

引返第1行： 织52（60、64、72、80、88）针下针，绕线翻面。

引返第2行（反面）： 织69（80、85、96、107、117）针上针，编织过程中将圈首记号圈滑过，绕线翻面。

引返第3行： 下针织至被绕线的针目前余5针，绕线翻面。

引返第4行： 上针织至被绕线的针目前余5针，绕线翻面。

重复引返第3、4行多两次。完成第4行后，下针织完此圈，编织过程中将记号圈滑过，并对被绕线的针目及其绕线编织并针。

结束减针

在一圈中平均地减掉12（18、22、28、40、54）针，方法如下：

下一圈（减针）： *织0（0、3、0、0、3）针下针，[6（4、3、3、2、1）针下针，下针左上2针并1针]重复6（9、11、14、20、27）次，4（6、6、2、0、4）针下针；从*再重复一次——余92（102、106、116、120、122）针。
收掉所有针目，不断线，将线团从最后一针掏出。

结束

领口罗纹针

使用细号40厘米环形针及主色线（收针后依然连接在织片上），沿每1针收掉的针目上挑织1针下针，共挑92（102、106、116、120、122）针（先收针，再挑织，可使领口处更稳定，更耐穿）。

第1圈： *1针下针，1针上针；从*重复至一圈结束。
将第1圈重复多4次。

罗纹收针法

第1圈： *线在后，滑1针，织1针上针；从*处重复至结束。

第2圈： *1针下针，线在前，滑1针；从*处重复至结束。

再次重复第1圈。

接下来要将所有的下针针目移到一根棒针上，将所有的上针针目移到另一根棒针上。将上针和下针缝合好，形成罗纹收针的边缘。在这个过程中，仅移动针目，不编织，所以将线团置于一旁即可。以你正在使用的棒针为棒针1（前方棒针），而最细号的长环形针（80厘米环形针）为棒针2（后方棒针）。

第1步： 将下一针（1针下针）以上针的方向移到棒针1上（你用于编织罗纹针的那根棒针）。

第2步： 将下一针（1针上针）以上针的方向移到棒针2上。
重复第1、2步，直到所有的下针都在棒针1上（置于前方），而所有的上针都在棒针2上（置于后方）。预留至少2倍于领围周长的线尾，再断线。对前方棒针和后方棒针上的针目进行平针接合，直到前方棒针和后方棒针上各余1针。将线尾从这2针穿出，完成收针。将缝针以下针方向穿入此圈第1针，拉紧以缝收将一圈的豁口。

最终结束

使用平针接合法，连接腋下部分。接合时从腋下的活针圈两侧各多挑1针（共多挑出4针），可以防止织片有洞眼。藏好所有线头，使用线尾来缝收腋下的洞眼。按所需尺寸对作品湿定型，待毛衣干透后，蒸汽熨平毛衣前身片、后身片、袖子及育克在平铺定型过程产生的褶皱。

水中叶开衫

水中叶开衫展示了一幅壮丽的配色花样，使用了富有强烈戏剧性的长段染纱线。慢慢变化的背景色，产生了微妙的横向条纹，带来了戏剧般的效果。这是一件具有传统费尔岛风格的毛衣，无须藏线头。紧实的密度和毛茸茸的纱线，让这件毛衣结实而凹凸有致，可作为一件温暖的传家宝，也可使用一辈子。在样品中，选择Dyed in the Wool 这样的长段染纱线可带来横向条纹的效果，或者选一种与主色线形成鲜明对比的纯色线。

成品尺寸

尺码 XS（S, M, L, XL, XXL）

79.5（89.5、99、109、118.5、129）厘米，成衣胸围［含（2.5厘米）叠合门襟］

77（87、96.5、106.5、116、126.5）厘米剪开额外加针前的胸围，不含额外加针的针数

展示的样品测量结果为89.5厘米

毛线

中细型（#2 细线）

主色线：821（930、1031、1140、1242、1351）米

配色线：646（731、811、896、977、1062）米

样品使用

主色线：Bare Naked Wools Confection Sport（100% 考力代羊毛；343米/115克）：深巧克力色；3（3、4、4、4、4）团

配色线：Spincycle Yarns Dyed in the Wool（100%美国羊毛；183米/57克）：Deep Bump；4（4、5、5、6、6）团

棒针

罗纹针：美式4号（3.5毫米）：80厘米环形针，一套双尖棒针或长环形针（使用魔术圈织技巧），用于编织纽扣边、扣眼边及领子的超长环形针

配色花样：美式6号（4.0毫米）：80厘米环形针，40厘米环形针，一套双尖棒针或长环形针（使用魔术圈织技巧）

必要时请调整针号来获得正确的密度

小工具

记号圈、缝针、可拆卸记号圈、用于加固额外加针的美式 E-4（3.5毫米）钩针、用于加固额外加针的细废线，颜色与主色线相匹配

密度

10厘米×10厘米面积内：31针、33行，编织水中叶花样图解

提示

*毛衣从下向上环形编织。身片和袖子先分开编织，然后连接在一起编织拉克兰育克。

*额外加针的针目从始至终位于身片和育克的前中心处。由于V领的加针也要编织额外加针，领开口的洞在剪开前会非常小。完成育克后，先对额外加针处进行加固再剪开前中心处，然后挑针编织罗纹边。腋下使用三根棒针进行收针接合。

袖子（编织2只）

袖口

使用主色线及细号棒针（一套双尖棒针或长环形针），起60（64、68、72、76、76）针。放上记号圈，连接成环形进行环形编织，注意不要将环形扭曲。

第1圈：*2针下针，2针上针；从*处重复至一圈结束。重复第1圈，直至袖口的罗纹针长度离起针行为5（5.5、6.5、7、8.5、9）厘米。在最后一圈的结束处，扭加1针——余61（65、69、73、77、77）针。

袖子的配色编织

换成粗号棒针（一套双尖棒针或长环形针），接上配色线。袖子的加针和配色编织同步进行。在开始下一步前，请阅读以下内容。

配色编织图解

在配色编织的第1圈，编织至配色图解最后一针，然后在配色花样中扭加1针。这针加针是列入图解针数里的，使花样能形成对称——针数变为62（66、70、74、78、78）针。在编织袖子的过程中，每一圈都以一针主色线作为结束，注意图解中并没有标出。这一针会在袖子的内侧产生一条“分区”线。按照你所需要的尺寸来开始及结束图解，每一圈将12针的花样重复5 （5、5、6、6、6）次，完成袖子图解的第1~126圈，每一圈都按上文所述，以一针主色线作为结束。

袖子加针

编织袖子图解的第1~9（9、7、5、3、3）圈。

加针圈：以图解所示颜色编织右加针（LIR，译者注：见p.164缩略语），按照图解编织到最后一针，以图解所示颜色编织左加针（LIL，译者注：见p.164缩略语），以主色线编织1针下针——增加2针。

每10（10、8、6、4、4）圈编织一次加针圈，再编织9（9、13、15、15、27）次，然后每12（12、–，8、6、–）编织一次加针圈，各1（1、–，2、8、–）次——余84（88、98、110、126、134）针。

不加针也不减针再编织16圈，结束于图解的第126圈。编织最后一圈时，按照图解编织到最后2针，使用对比色，将此圈最后2针与下一圈第1针（移去记号圈）编织成下针中上3针并1针（s2kp，译者注：见p.164缩略语）——减少2针。余82 （86、96、108、124、132）针。

将最后编织的8（8、9、9、11、11）针及接下来的7（7、8、8、10、10）针用废线穿起，休针待用。废线上共有15（15、17、17、21、21）针待用，作为腋下部分。将袖子的针目休针，编织身片。

身片

下摆

使用主色线及细号80厘米环形针，起239（271、299、331、359、391）针。放上记号圈，连接成环形进行环形编织，注意不要将环形扭曲。

第1圈：*2针下针，2针上针；从*处重复至最后余7针，编织2针下针，放记号圈，编织5针下针（此5针为额外加针）。重复第1圈（由于已经放好记号圈，忽略放记号圈的操作），直至罗纹针的下摆长度离起针行4.5厘米。

身片的配色编织

换成粗号80厘米环形针，接上对比色线，在配色花样的后中心处左右各扭加1针。这针加针是列入图解针数里的，使花样能形成对称——针数变为240（272、300、332、360、392）针。按照你所需要的尺寸来开始及结束图解，每一圈将12针的花样重复19（22、24、27、29、32）次，然后编织5针额外加针，将身片图解的第1~36圈编织3次。身片离起针行37.5厘米 。

育克

连接身片和袖子

下一圈，身片和袖子将会连接在一根长环形针上，从右前身片开始，结束于左前身片。换成长环形针。

连接圈：以主色线编织1针下针。从你所需要的尺寸提示的开始处，编织右前育克图解的第1圈，编织46（54、60、68、73、81）针，到你所需要的尺寸提示的结束处，以主色线编织1针下针，放记号圈（标记右前片的拉克兰线），将接下来的身片部分的15（15、17、17、21、21）针穿到废线上，作为腋下部分。开始编织第一只袖子，以主色线编织2针下针。从你所需要的尺寸提示的开始处，编织袖山图解的第1圈，编织63（67、75、87、99、107）针，到你所需要的尺寸提示的结束处，以主色线编织2针下针，放记号圈（标记右后片的拉克兰线）。编织身片部分的针目，以主色线编织1针下针。从你所需要的尺寸提示的开始处，编织后育克的图解第1圈，编织107（123、135、151、161、177）针，到你所需要的尺寸提示的结束处，以主色线编织1针下针，放记号圈（标记左后片的拉克兰线），将接下来的身片部分的15（15、17、17、21、21）针穿到废线上，作为腋下部分。进入第2只袖子，以主色线编织2针下针。从你所需要的尺寸提示的开始处，编织袖山图解的第1圈，编织 63（67、75、87、99、107） 针，到你所需要的尺寸提示的结束处，以主色线编织2针下针，放记号圈（标记左前身片的拉克兰线）。编织左前身片的针目，以主色线编织1针下针。从你所需要的尺寸提示的开始处，编织左前育克的图解第1圈，编织46（54、60、68、73、81）针，到你所需要的尺寸提示的结束处，以主色线编织1针下针。滑过记号圈，编织5针额外加针——余344（384、424、480、524、572）针，两个前身片各有48（56、62、70、75、83）针，两只袖子各有67（71、79、91、103、111）针，后身片为109（125、137、153、163、179），以及5针额外加针。

完成连接后，在一圈的第1针挂一个可拆卸的记号圈。这个记号用于标记最上面的纽扣位置。保留此记号圈直到完成作品的其余部分。

育克减针

育克的减针和花样图解同步进行。在开始下一步前，请阅读以下内容。领口及前、后身片的袖窿以及袖山的减针频率不同。与记号圈相邻的针目用主色线编织，包括减针，而这些针目并未在图解中标出。编织袖山时，记号圈之后的最初2针以及记号圈的最后2针，永远使用主色线编织，而这些针目并未在图解中标出。编织前身片（领口和袖窿）以及后身片（袖窿）的减针时，将记号圈之后的最初2针用主色线编织下针右上2针并1针（ssk，译者注：见p.164缩略语），将记号圈之前的最后2针用主色线编织下针左上2针并1针（k2tog，译者注：见p.164缩略语）。编织两只袖子的减针时，记号圈之后为［以主色线编织1针下针，以主色线编织下针右上2针并1针］，记号圈之前为［以主色线编织下针左上2针并1针，以主色线编织1针下针］。通过上述方法，拉克兰线的减针总是被1针主色线的针目隔开。

V领减针：每4（4、4、4、2、2）圈进行减针，减13（14、15、19、2、5）次，然后每6（6、6、–、4、4）圈进行减针，减2 （2、2、–，19、18）次——领口完成减针后，余

15（16、17、19、21、23）针。

前、后身片的袖窿减针：每圈进行减针，减0（2、5、9、10、15）次，然后隔圈进行减针，共减13（32（31、29、30、26）次，然后每4圈进行减针，减3（0、0、0、0、0）次，然后隔圈进行减针，减13（0、0、0、0、0）次，然后每圈进行减针，减0（2、5、9、10、15）次——余29（36、41、47、50、56）针。

袖山减针：每圈进行减针，减0（0、0、0、3、6）次，然后隔圈进行减针，减9（10、13、37、37、35）次，然后每4圈进行减针，减7（7、5、0、0、0）次，然后隔圈进行减针，减9（10、13、0、0、0）次，然后隔圈进行减针，减0（0、0、0、3、6）次——袖子完成减针后，余25（27、31、37、43、47）针。

当所有减针完成，总针数为98（100、102、106、110、114）针：两个前身片各4针，两只袖子各17针，后身片为51（53、55、59、63、67），以及5针额外加针。

收针圈：使用主色线，编织1针下针，下针右上3针并1针（sk2p，译者注：见p.164缩略语），将下针套在并针上进行收针，以这种收针方法，收针至记号前余4针（额外加针前），编织下针左上3针并1针，将针目套收，收针至结束处。

结束

剪开额外加针

使用钩针或缝纫机对额外加针进行加固。
剪开额外加针，形成开衫前开口。

罗纹针门襟

提示：门襟挑针时，从身片的针目一条腿和额外加针处的一条腿之间入针，挂线拉出。这样可以让额外加针处的针目自然地叠向毛衣的里侧，而不会露在正面。

使用小号的长环形针，从右前身片（正面朝向编织者）的底部开始，沿V领的右侧减针到后片，往下到V领的左侧减针，然后往下到左前身片，挑针的总针数为4的倍数加2针。挑针的频率大约为下摆处每3行挑2针，配色编织部分（两个前身片）的纵向边缘每4行挑3针，收针处（后领口）为1针挑1针。

罗纹针第1行：（反面）*2针上针，2针下针，从*处重复至最后余2针，编织2针上针。

罗纹针第2行：*2针下针，2针上针，从*处重复至最后余2针，编织2针下针。

再一次重复第1~2行。

门襟的扣眼

在编织下一行之前，在棒针上放可拆卸记号圈，用于标记扣眼的位置。在右前片离此行开始处8针的位置放可拆卸记号圈，下一个记号圈放在袖子与身片连接处的拐角。然后在这些记号圈中间处，放置另一个记号圈，然后再放2个记号圈，平均分配原来的2个记号圈。一共放了5个记号圈。

纽扣行：（反面）*按照原有的双罗纹花样，编织至记号圈处，移去记号圈，保持线在织片后方，以上针的方向滑2针，将第1针盖收到第2针上，（以上针的方向滑1针，将针目盖收到滑针上）2次，将右棒针上的针目滑回左棒针，翻面，将线带到后方，用辫子起针法（cable co）起4针，翻面，将线带到后方，以上针的方向滑1针，将起针的最后一针套收到滑针上，对每一个扣眼进行从*处的重复，按照花样编织至一行结束。

完成门襟

编织罗纹针第2行。
再一次重复罗纹针第1、2行，然后再次编织罗纹针第1行。
根据花样对所有针目进行收针（译者注：遇上针编织上针再盖收，遇下针编织下针再盖收）。

最终结束

将毛衣反面朝外，使用三根棒针收针法对腋下进行收针。使用线头将腋下两端的洞眼收紧。藏好线头，按照图解尺寸进行定型。门襟下摆边缘用珠针定型，将针目放松且线条拉直。当毛衣干透后，将前门襟拉直，并对应着5个扣眼放置5个可拆卸的记号圈。在可拆卸记号圈标记下，将纽扣缝到左前门襟上。

复印图解小提示

图解中的色彩分区线，对应着不同尺寸的减针，标记了开始处和结束处。如果你为了编织方便要对图解进行复印，请确保将你所需要的尺寸框出来，因为做黑白复印时，这些分区线可能会看不清。

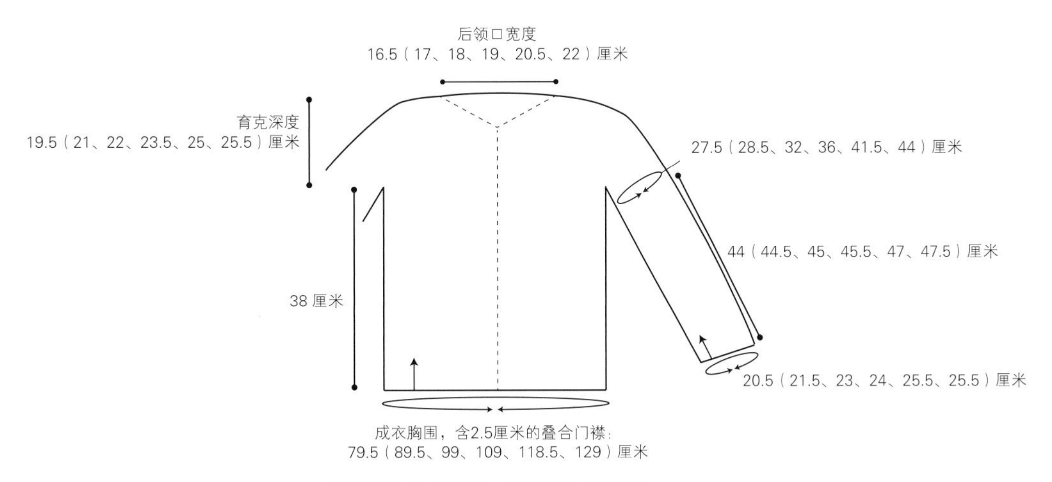
后领口宽度
16.5（17、18、19、20.5、22）厘米
育克深度
19.5（21、22、23.5、25、25.5）厘米
27.5（28.5、32、36、41.5、44）厘米
44（44.5、45、45.5、47、47.5）厘米
38 厘米
20.5（21.5、23、24、25.5、25.5）厘米
成衣胸围，含2.5厘米的叠合门襟：
79.5（89.5、99、109、118.5、129）厘米
剪开额外加针前的胸围，不含额外加针的针目：
77（87、96.5、106.5、116、126.5）厘米

水中叶开衫身片

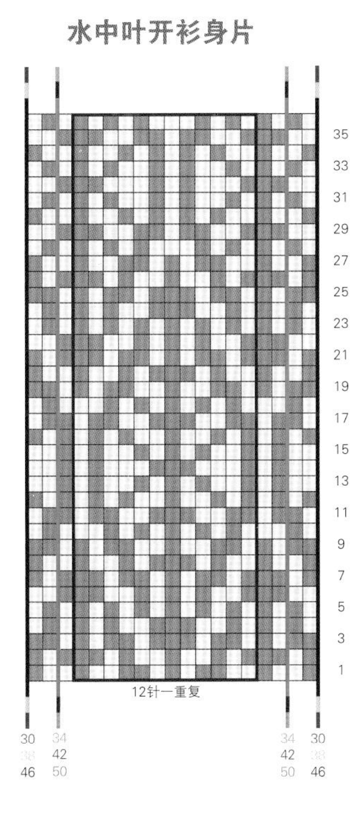
35
33
31
29
27
25
23
21
19
17
15
13
11
9
7
5
3
1
12针一重复
30
46
34
42
50
34
42
50
30
46

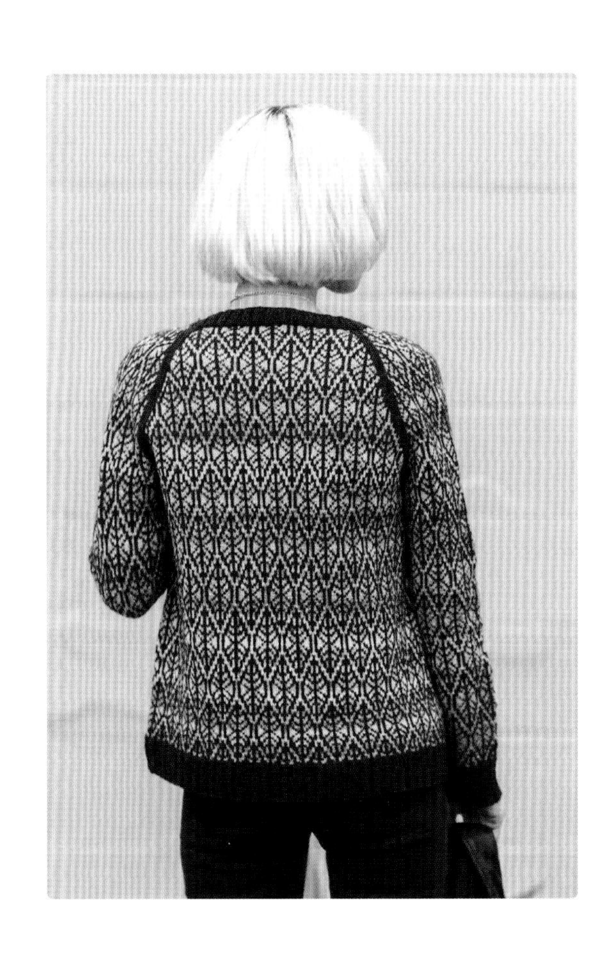

水中叶开衫额外加针图解

2
1
主色
配色

水中叶开衫袖子

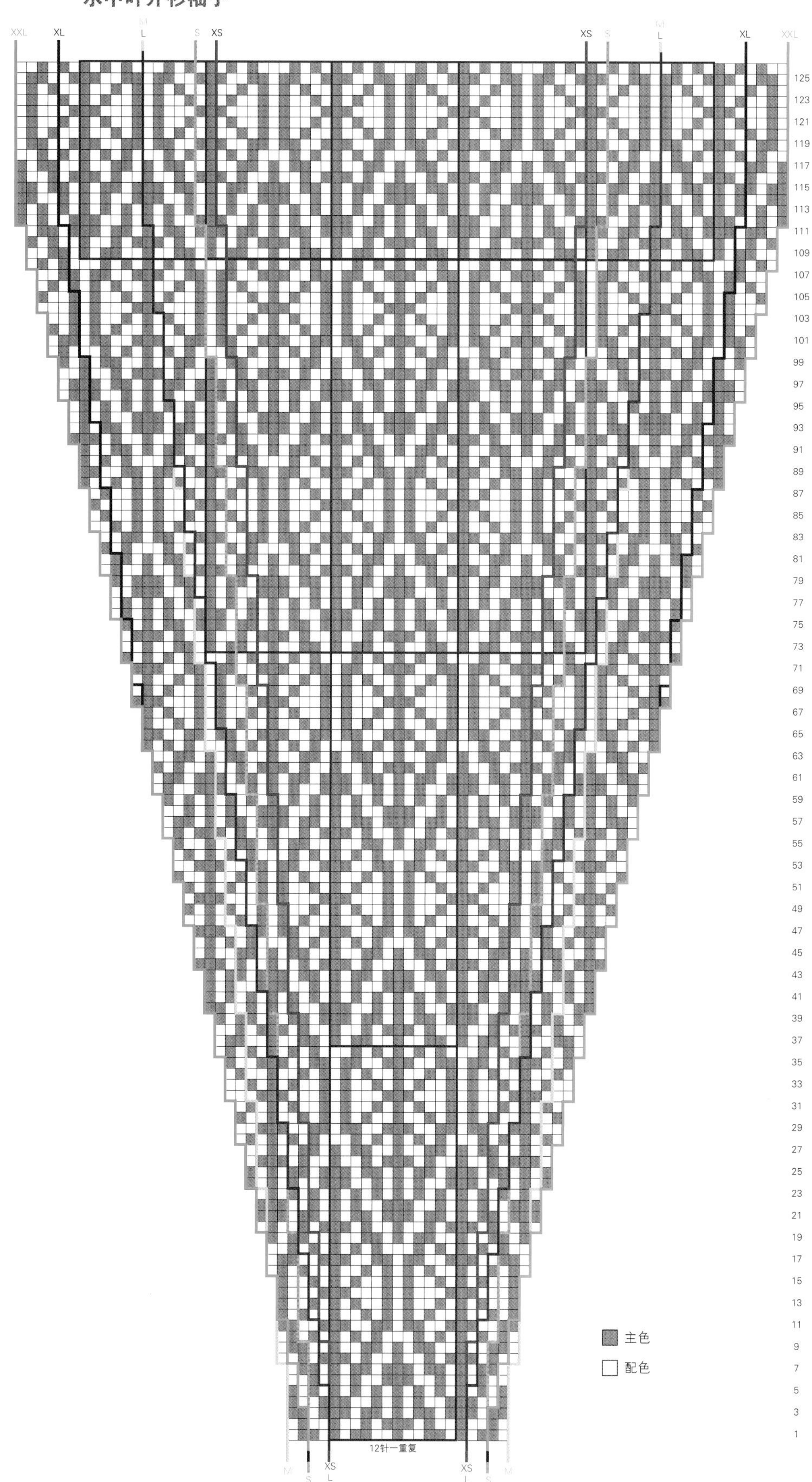
XXL
XL
M
L
S
XS
XS
S
M
L
XL
XXL
125
123
121
119
117
115
113
111
109
107
105
103
101
99
97
95
93
91
89
87
85
83
81
79
77
75
73
71
69
67
65
63
61
59
57
55
53
51
49
47
45
43
41
39
37
35
33
31
29
27
25
23
21
19
17
15
13
11
9
7
5
3
1
主色
配色
12针一重复
M
S
XL
XS
L
XS
L
S
XL
M

水中叶开衫袖山

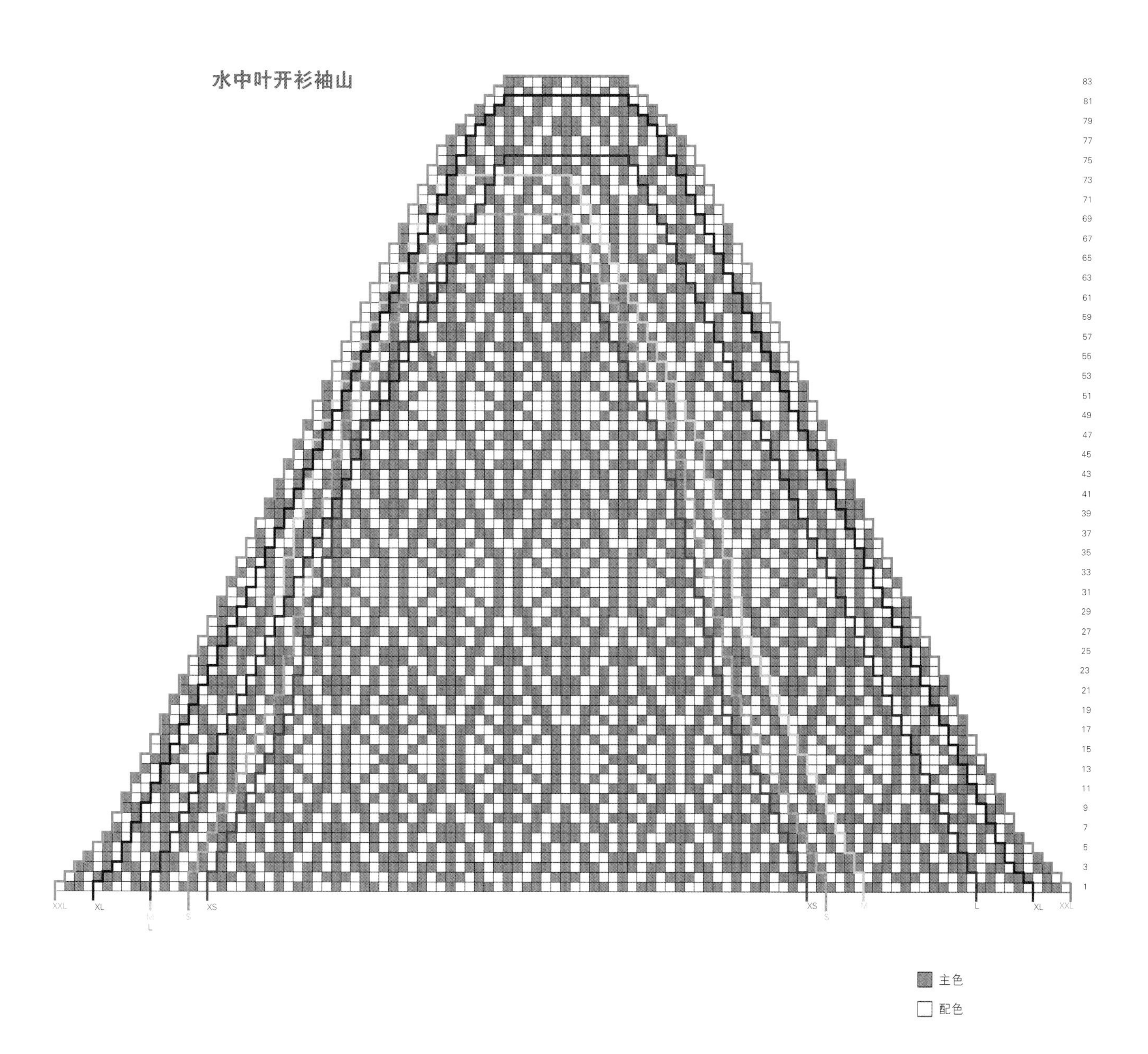
83
81
79
77
75
73
71
69
67
65
63
61
59
57
55
53
51
49
47
45
43
41
39
37
35
33
31
29
27
25
23
21
19
17
15
13
11
9
7
5
3
1
XXL
XL
M
L
S
XS
XS
S
M
L
XL
XXL
主色
配色

水中叶开衫右前育克

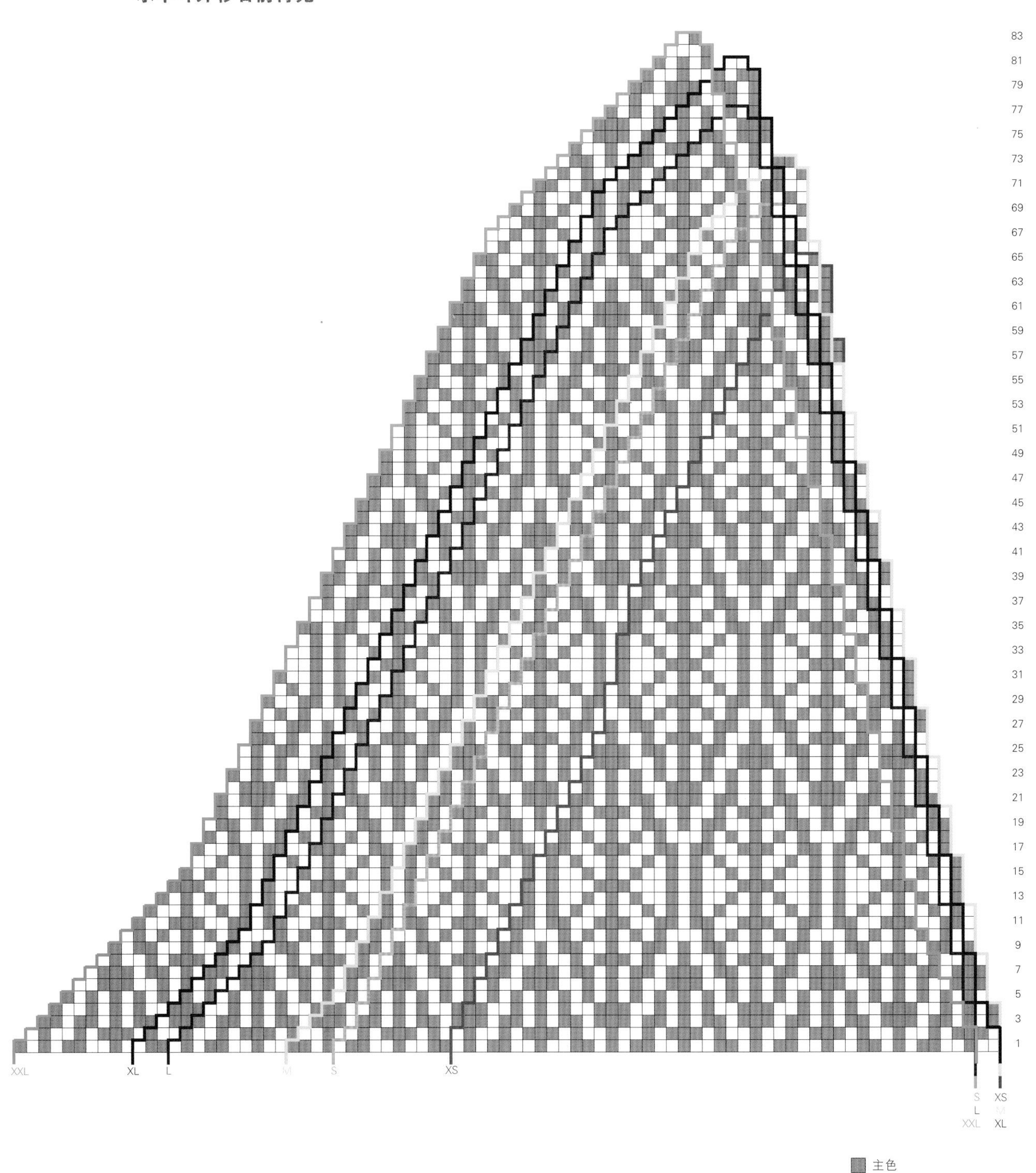
83
81
79
77
75
73
71
69
67
65
63
61
59
57
55
53
51
49
47
45
43
41
39
37
35
33
31
29
27
25
23
21
19
17
15
13
11
9
7
5
3
1
XXL
XL
L
M
S
XS
S
L
XXL
XS
M
XL
主色
配色

水中叶开衫左前育克

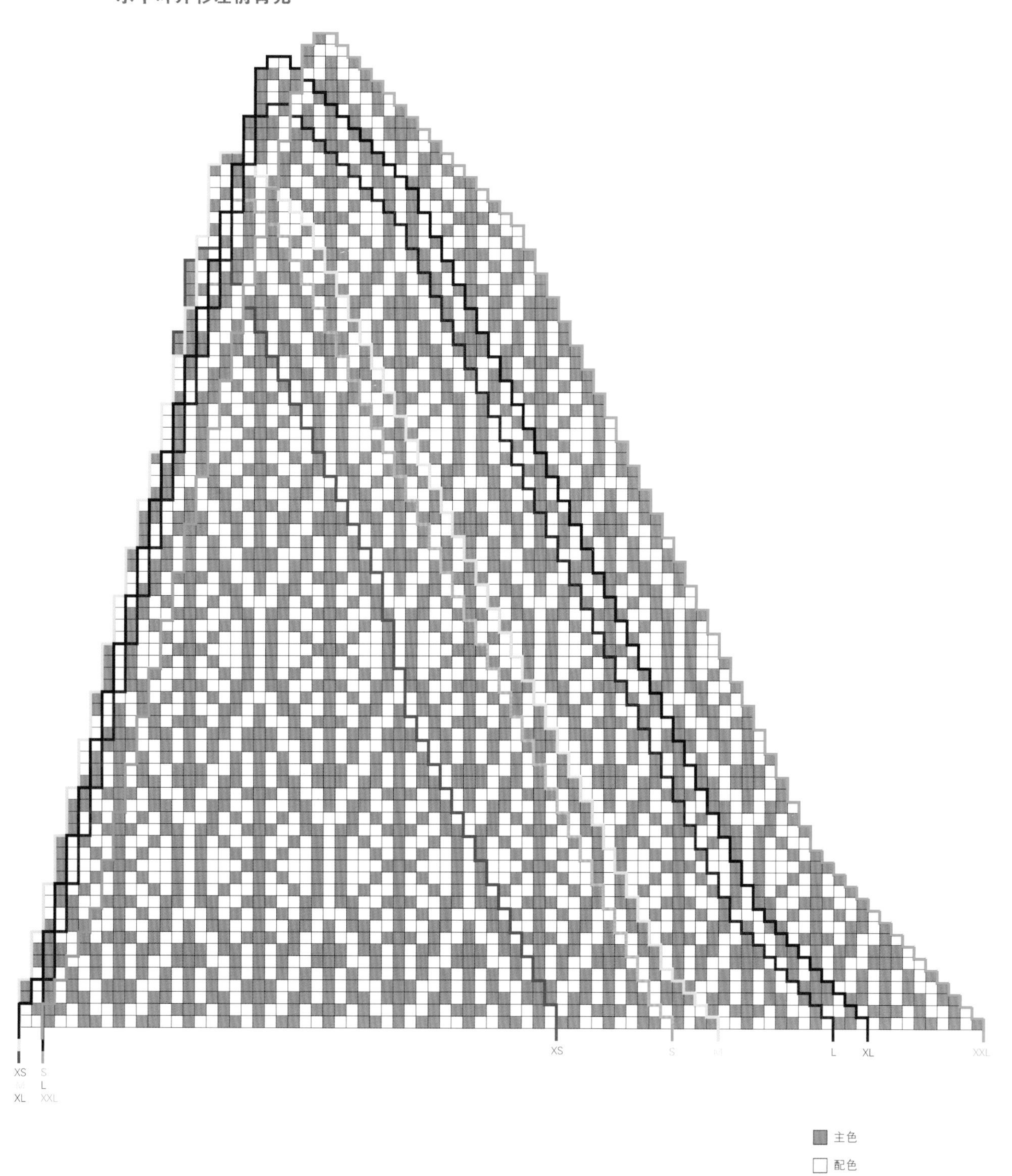

水中叶开衫后育克

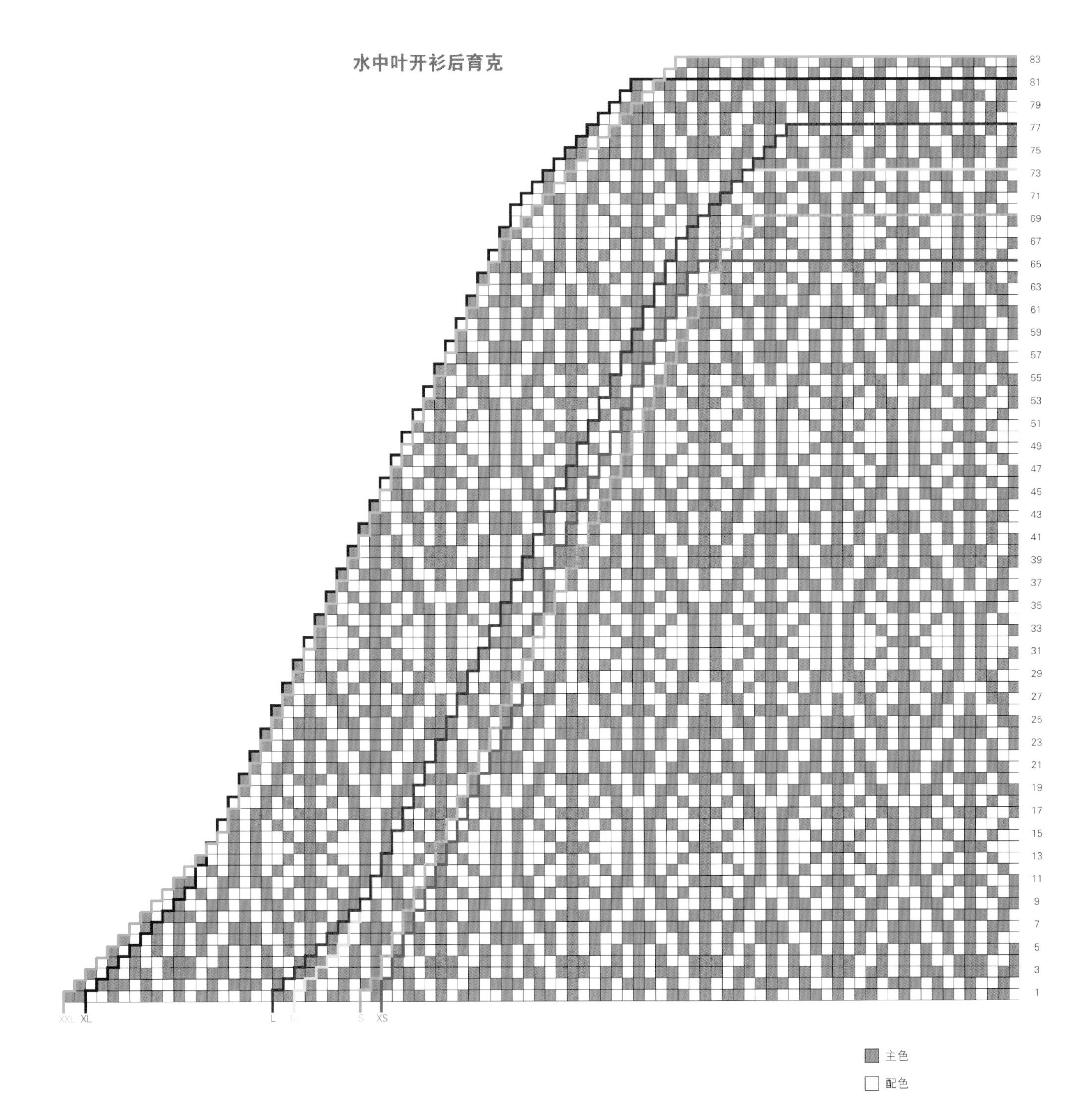

83
81
79
77
75
73
71
69
67
65
63
61
59
57
55
53
51
49
47
45
43
41
39
37
35
33
31
29
27
25
23
21
19
17
15
13
11
9
7
5
3
1
XXL
XL
L
M
S
XS
主色
配色

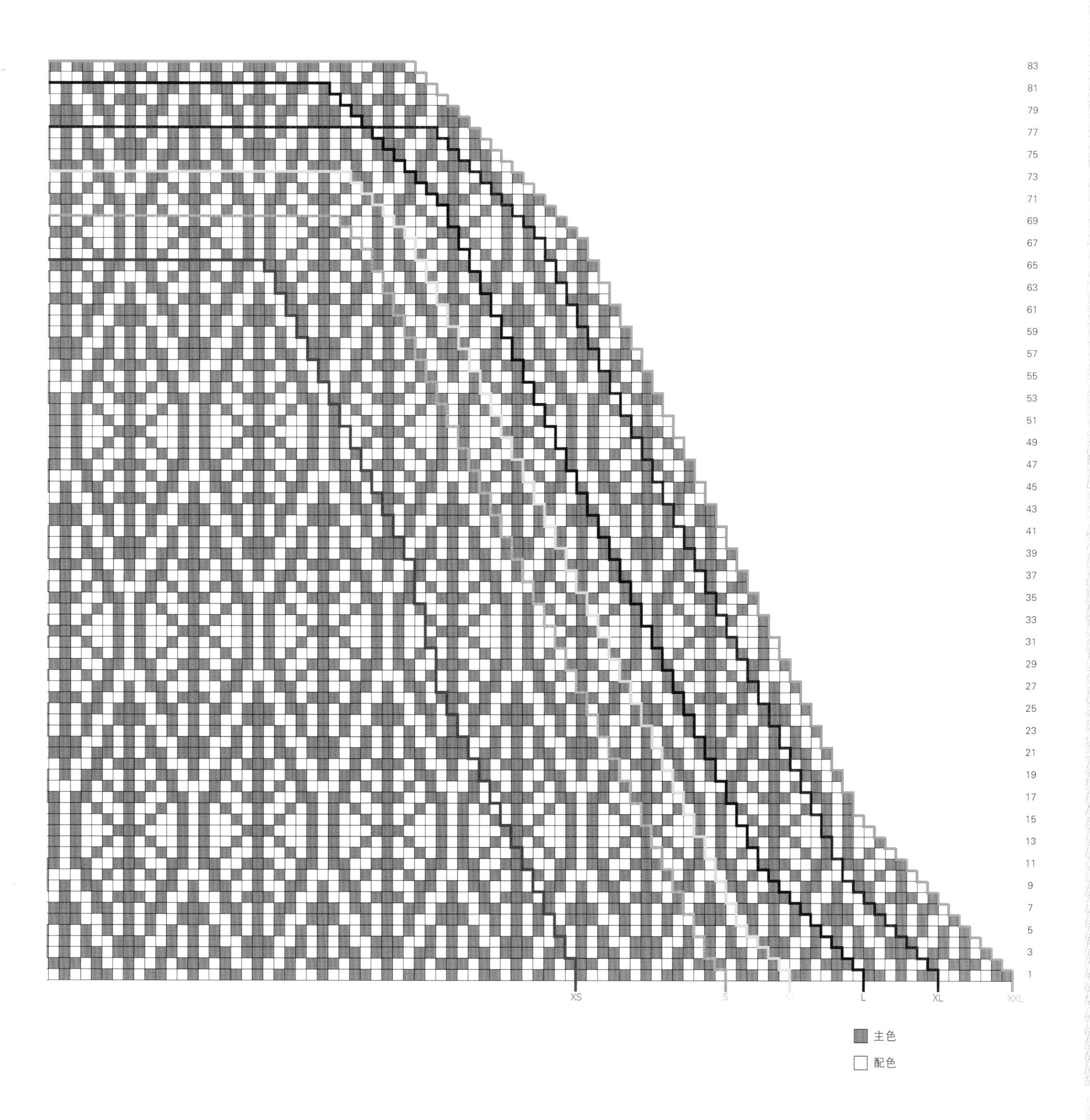
83
81
79
77
75
73
71
69
67
65
63
61
59
57
55
53
51
49
47
45
43
41
39
37
35
33
31
29
27
25
23
21
19
17
15
13
11
9
7
5
3
1
XS
S
L
XL
XXL
主色
配色

缩略语

BO: 收针

BOR: 每圈起始处

CC(对比色）: 配色

CO: 起针

dpn: 双尖棒针

k: 编织下针

k2tog（下针左上2针并1针）: 将2针并织成1针下针

k3tog(下针左上3针并1针）: 将3针并织成1针下针

LIL（左加针）: 将左棒针插入右棒针上刚完成的1针的前2行的针圈，织出1针下针（无须扭织）——加1针

LIR（右加针）: 将右棒针从后向前插入下一针的前1行的针圈，将之挂到左棒针上，然后织出1针下针——加1针

m: 记号圈

M1（扭加针）: 挑起针目与针目之间的沉环扭织1针

M1L（左扭加针）: 向左的扭加1针

M1pW（挑织上针）: 将左棒针从前向后插入针与针之间的沉环，然后将此沉环织成上针

M1R（右扭加针）: 向右的扭加1针

MC: 主色

p: 编织上针

psso: 将滑过的针目圈进行套收

rnd（s）: 圈

RS: 正面

s2kp（下针中上3针并1针）: 以下针入针法同时滑过2针不织，织1针下针，将滑针套收

sk2p（下针右上3针并1针）: 以下针入针法滑过1针不织，织左上2针并1针，将滑针套收在2针并1针后的针圈上

sl: 滑过

slm: 滑过记号

ssk（下针右上2针并1针）: 滑1针不织，再滑1针不织，将滑过的2针并织成的1针下针

St st: 平针

st（s）: 针圈、针数

w&t（绕线翻面）: 对针目绕线，将织片翻面

WS: 反面

wyib: 保持线在织片后方

wyif: 保持线在织片前方

图案索引：按针数和行数排序

英文名称	页码	针数	行数
Vessels	37	13	10
Little Bike	113	13	18
Brains!	110	13	44
Direction	46	14	7
Locked In	88	14	10
History	122	14	10
Tapestry	31	14	12
Lucky	33	14	14
Palace	49	14	14
Planks	56	14	14
Grated	67	14	14
Chain Mail	63	14	18
Leaves	98	14	28
Timeless	58	14	32
Carve	59	14	32
Tendrils	71	15	8
Grip	89	15	10
Paws	105	15	12
Mediterranean	30	15	15
Froze	80	15	15
Bunnies	119	15	16
Sonora	104	15	19
Tempest	53	15	20
Crossing the Road	119	15	28
Cat	106	15	38
Short Mushroom	120	16	10
Plated	31	16	16
Zone	50	16	16
Pantheon	68	16	16
Mustard	91	16	16
Fishnet	124	16	16
Celtic	83	16	20
Overlay	78	16	32
Squirrel	101	17	32
The Witch	92	18	10
Claw Marks	93	18	12
Anchors	104	18	13
Clam	39	18	14
Cottonwood	120	18	16
Spin	38	18	18
Gears	69	18	18

英文名称	页码	针数	行数
The Machine	69	18	18
Cinn Bun	36	18	20
Jagged Spiral	46	18	21
Fall	121	18	22
Mountain	35	18	24
Boreas	90	18	24
Bees	99	18	32
Hoot	108	18	40
Desert	43	19	19
Down	77	20	4
The Locks	75	20	10
Oscillation	76	20	10
Stratify	86	20	10
Faulds	87	20	10
Scales	96	20	10
Presence & Absence	47	20	14
Creeping	98	20	14
Rocketships	116	20	15
Slinky	52	20	16
Monkey	100	20	18
Mirrors	32	20	20
Warped Glass	43	20	20
Diffusions	70	20	20
Delphi	73	20	20
Wrought Iron	83	20	20
Beam	88	20	20
Traveller’ s Joy	96	20	20
Elephants	107	20	32
Octopus	114	20	38
Helix	71	21	31
Escher Fish	57	22	10
Knotted	36	22	16
Escher Masks	123	22	18
Pulse	37	22	22
Dark Mirror	44	22	22
Agate	57	22	30
Poopin’ Pig	117	22	32
Advance	42	22	36
Ram’ s Helm	45	23	11
Tall Mushroom	121	23	12
Scarab	110	24	18

英文名称	页码	针数	行数
Bicycles	115	23	28
Ahab	53	24	16
Hands	101	24	16
Robots	108	24	18
Sea Turtle	114	24	18
Needles & Yarn	34	24	19
Prism	59	24	24
Hippos	116	24	26
Calcite	79	24	30
Escher Bats	72	26	11
Imperfect	76	26	12
Caribou	100	26	14
Extent	74	26	24
Mica	47	26	26
Bear	102	26	32
Winter’ s Chill	74	27	27
Tudor House	94	28	28
Skyline	55	28	14
Greek	65	28	14
Spiders	105	28	16
Bubbles	52	28	22
Gecko	111	29	18
Dog	102	29	38
Prancing Ponies	117	29	46
Mitosis	45	30	9
Whorl	56	30	31
Twisted	50	30	32
Ribbon	84	30	32
Masked Bandit	109	31	35
Snowflake	70	32	42
Amplitude	51	34	12
Spiral	81	34	15
Butterfly	115	34	17
Lazuli	49	34	42
Skull & Bones	118	36	17
Spine of the Dragon	97	38	18
Cake or Death	109	39	26
Quartz	85	38	52
Frog	103	42	15
Alphanumeric	125		

备案号：豫著许可备字-2017-A-0151

图书在版编目（CIP）数据

配色编织图典：200个现代编织图案/(加) 安德莉亚·兰热尔著；舒舒译. —郑州：河南科学技术出版社，2018.6（2019.6重印）
ISBN 978-7-5349-9231-5

Ⅰ.①配… Ⅱ.①安… ②舒… Ⅲ.①绒线—编织—图集 Ⅳ.① TS935.52

中国版本图书馆CIP数据核字（2018）第085838号

出版发行：河南科学技术出版社
地址：郑州市郑东新区祥盛街27号　邮编：450016
电话：（0371）65737028　65788613
网址：www.hnstp.cn
策划编辑：刘　欣
责任编辑：刘　欣
责任校对：马晓灿
封面设计：张　伟
责任印制：张艳芳
印　　刷：河南瑞之光印刷股份有限公司
经　　销：全国新华书店
开　　本：889 mm × 1 194 mm　1/16　印张：10.5　字数：230千字
版　　次：2018年6月第1版　2019年6月第2次印刷
定　　价：69.00元

河南科学技术出版社
精品图书推荐

爱意浓浓的
祖母方格
granny square
Love
适合居家的传统钩针编织华丽变身

祖母方块花朵钩编
Granny Square Flowers
50 款经典祖母方块和 19 件实用作品

百款祖母方块
教科书
THE
GRANNY
SQUARE
BOOK

美丽的
爱沙尼亚蕾丝披肩
Knitted
Lace
OF ESTONIA

unexpected
afghans
精美绝伦的
居家毛毯钩织
创意钩针设计，
致敬传统技术

Patchwork Crochet
钩针编织的田园风
盖毯和靠垫

爱尔兰蕾丝
钩织花样
128

Colorful yarn Knitting goods
色彩缤纷的
居家毛线小物

美轮美奂
钩编坐垫

河南科学技术出版社
精品图书推荐